5G赋能

张明钟◎著

中国纺织出版社有限公司

内 容 提 要

本书以5G如何商用为出发点，以5G技术指标和应用场景为开篇，对受5G影响比较大的智慧城、智慧医疗、智慧交通、智慧物流、智能工厂等多个领域从发展现状、技术实现、商业模式换新升级、人才战略等多个维度进行了详细阐述。在突出介绍5G的多种应用场景、生态圈及5G与资本的嫁接关系的同时，抛弃晦涩生僻的技术语言，以清晰的架构，明确的逻辑，严禁而不失幽默的语言，向读者展现了当今5G商用的国际发展趋势、国家政策与扶持及前沿商用成果。

图书在版编目（CIP）数据

5G赋能 / 张明钟著. --北京：中国纺织出版社有限公司，2020.7

ISBN 978-7-5180-7578-2

Ⅰ.①5… Ⅱ.①张… Ⅲ.①无线电通信-移动通信-通信技术 Ⅳ.①TN929.5

中国版本图书馆CIP数据核字（2020）第118184号

策划编辑：史 岩　　责任编辑：曹炳镝

责任校对：寇晨晨　　责任印制：储志伟

中国纺织出版社有限公司出版发行

地址：北京市朝阳区百子湾东里A407号楼　邮政编码：100124

销售电话：010—67004422　传真：010—87155801

http：//www.c-textilep.com

中国纺织出版社天猫旗舰店

官方微博 http://weibo.com/2119887771

三河市宏盛印务有限公司印刷　各地新华书店经销

2020年7月第1版第1次印刷

开本：710×1000　1/16　印张：13.5

字数：134千字　定价：49.80元

前言
PREFACE

5G将把我们带向何方？

每一次通信网络变革，企业和商家们都期望得到属于自己的杀手级应用。

2G时代，杀手级应用是短信。

3G时代，杀手级应用是基于智能机的APP生态系统。

4G时代，杀手级应用是直播、短视频带来的视频时代。

那么，5G时代呢？

移动互联网的普及，让用户足不出户就能知天下事。而5G的出现，则让本就联通的世界更加高效地运转起来，引领全球进入新一轮的高速发展。

5G，是第五代移动通信技术的简称，指的是新一代蜂窝移动通信系统，也是4G之后的延伸。当大部分人享受着4G带来的利好时，5G已悄然融入生活，为衣食住行带去全新体验，全数字连接时代已经来临。

5G对移动宽带（移动网络）的增强主要体现在以下两个方面：一是信号覆盖范围更广，能够很好地提升大规模建筑中的使用体验，如办公楼、工业园区、购物中心、大型体育场等；二是网络容量的提升，能够提高移动网络的带宽，支持更多设备同时在线，数据采集速度更快。

5G让用户无论处于任何位置，都可以感受到更快、更灵敏的网络体验。除此之外，还具备很多特性：

（1）毫米波，即前面提到的高频。5G时代使用的毫米波，不仅可以将更多的天线塞入手机，微型基地台内也能放入更多的天线。接收与发送信号的窗口越多，处理速度也能大幅增加，达到所谓的“多进多出”。

（2）波束赋形。电磁波的传输，一般是用四散、广播的方式传递信号，然而我们通常只需要将信号朝着某方向传递即可，多数的电磁波能量被大幅浪费。而波束赋形则是可以控制射频信号，使得基地台站上的电磁波，能对准它提供服务的对象（智能手机），并随之改变方向。透过此项精准传递信号的服务，可以大大提升基地站的服务数量。

（3）D2D，即“Device-to-Device”。代表日后使用5G技术时，不需要透过基地台来转送信号，只要让邻近的两台无线装置能够建立直接联机来进行通信，大幅降低了基地站的资源使用。

18世纪以来人类历史经历过三次工业革命，一次开始于英国、两次开始于美国，每一次的技术变革客观上都打破了旧有的世界秩序，重塑新的世界格局。5G的到来，加速了技术和产业的发展，成为实体经济和数字经济爆发的命门，谁能有幸掌握科技的制高点，谁就掌握变革的先机，立于不败之巅！

如今，5G技术已被广泛运用于自动驾驶、个人AI助手、远程医疗等领域。得益于其覆盖范围和网络容量的优势，5G应用还可以在数字广告牌、远程教育培训、多人线上会议等领域延伸。

5G正以超乎想象的速度加速到来，全球领先运营商也在加速5G商用部署，可以预见，5G将是新一轮战争的主战场，胜出的技术和方案将成为业界标准，也能在新时代中取得领导地位。

记住：只有把握5G带来的创新机遇，才能开创5G时代，实现真正的人机互动，即“万物互联”！

张明钟

2020年4月

目 录
CONTENTS

第三章
全覆盖的应用场景

第四章
5G 商用的现在与未来

第五章
5G 中国的现在与未来

第一章

Chapter1

第四次工业革命的核心——5G 技术

历数 1G 到 5G 的发展

人类社会从诞生以来，就在追求更高效快捷的信息传递。古代人们通过飞鸽传书、驿马送信、烽火狼烟等方式，到了近代，随着科技的发展信息传递的方式也随之产生了翻天覆地的变化。1844年，美国人摩尔斯发明了摩尔斯电码，并在电报机上传递了第一条电报。1897年，意大利人马可尼第一次完成了用电磁波进行无线通信的试验。此后，经过90年的探索和实践，人类生活正式进入了现代移动通信时代，通信的发展也迈入了快车道，每一次的技术变革都会将其提升到一个全新高度。

下面让我们来回顾一下1G到5G的发展简史。

1G

1G是模拟式通信系统，是将电磁波进行频率调制后，把语音信号转换到载波电磁波上，然后把载有信息的电磁波发布到空间，由接收设备接收，最后从载波电磁波上还原语音信息，完成一次通话。我国在1987年制定了移动电话的标准，但当时由于各国的通信标准不一致，信号制式各不相同，相互之间难以兼容，导致1G的发展速度缓慢，大大降低了其通用性。另外，由于1G采用模拟信号传输，所以容量非常有限，一般只能传输语音信号，且存在语音品质低、信号不稳定、涵盖范围不够全面、安全性差和易受干扰等问题。除此之外，1G普及度低的原因还有一个，价格昂贵、笨重、不方便携带，最常见的就是“大哥大”。

2G

2G是第二代手机通信技术规格的简称，一般定义为以数码语音传输技术为核心。由此开始，通信设备可以上网了，但还是无法直接传送电子邮件、软件等信息，只具备通话和简单信息的传输功能。如紧急呼叫业务、手机短信SMS（Short Message Service），在2G的某些规格中能够被执行。2G主要采用的是数码的时分多址（TDMA）技术和码分多址（CDMA）技术，与之对应的是全球主要有GSM和CDMA两种体制。比起1G，2G通信网络具有保密性强、抗噪音、抗干扰、辐射低、标准化程度高、不同地区可兼容等特点，最主要的是大大降低了设备成本。在2G和3G之间还出现过一个过渡期，主要进行了通信技术、网络配置、传输速度等方面的提升。

3G

3G是指支持高速数据传输的第三代移动通信技术。与1G和2G相比，3G有着更宽的带宽，其传输速度最低为384K，在信号稳定的环境中，最高可达2M，带宽可达5MHz以上。不仅能传输声音，还能传输数据信息，提供方便快捷的无线应用。3G还能实现高速数据传输和宽带多媒体服务。可以说，3G是开启移动通信新纪元的关键。

目前3G存在四种标准：CDMA2000、WCDMA、TD-SCDMA、WiMAX。第三代移动通信网络能将高速移动接入和基于互联网协议的服务结合起来，提高无线频率利用效率。提供包括卫星在内的全球覆盖，并实现有线和无线，以及不同无线网络之间业务的无缝连接。满足多媒体业务的要求，从而为用户提供更经济、内容更丰富的无线通信服务。

相对第一代模拟制式移动电话（1G）和第二代GSM、TDMA等数字手机（2G），第三代手机将无线通信和互联网等多媒体通信结合了起来。它是通信业和计算机工业相融合的产物，模拟制式移动电话和数字手机与它不可同日而语，可谓是新一代的通信设备。越来越多的人开始意识到3G手机"个人通信终端"的内涵。即使是普通用户，也可以从外形上轻易判断出一部手机是不是"第三代"。第三代手机通常都有一个超大的、可触摸的彩色显示屏，除了能完成高质量的日常通信外，还能进行多媒体通信。用户可以在触摸显示屏上直接写字、绘图，并将其传送给另一部手机。当然，也可以将这些信息上传到一台计算机上，或从计算机中下载某些信息。用户可以用3G手机直接上网，查看电子邮件或浏览网页。而为了配合多媒体功能，3G手机还自带摄像头，不仅可以用于拍照，还可以实现视频通话、网络会议。

4G

4G是第四代移动通信及其技术的简称，它集3G与WLAN于一体，能够快速传输高质量的数据、音频、视频和图像等。4G系统能够以100Mbps的速度下载，比拨号上网快2000倍，上传的速度也能达到20Mbps，几乎能够满足所有用户对无线服务的要求。4G可以在DSL和有线电视调制解调器没有覆盖的地方部署，然后再扩展到整个地区。经过多年迭代，4G技术早就拥有了网络频谱宽、频率效率高、通话质量高等特点，而且其价格便宜，计费方式也灵活机动。随着4G技术的发展，手机应用呈爆炸式发展，每天都有不计其数的APP登录应用商店，涵盖人们生活的方方面面。在当今时代，使用手机和不使用手机简直是两种生活方式。

5G

随着移动通信系统带宽和能力的增加，移动网络的速率也飞速提升，从2G时代的每秒10Kbit，发展到4G时代的每秒1Gbit，足足增长了10万倍。历代移动通信的发展，都是以典型的技术特征为代表，同时催生出新的业务和应用场景。而5G的突出特点是以用户为中心，不再由某项业务能力或某个典型技术特征所定义，它不仅是更高速率、更大带宽、更强能力的技术，还是一个多业务、多技术融合的网络，更是面向业务应用和用户体验的智能网络，是一种全新的信息生态系统。

5G的关键能力比前几代移动通信都要丰富，用户体验速率、连接数密度、端到端时延、峰值速率和移动性等都将成为5G的关键性能指标，与以往只强调峰值速率的情况不同，业界普遍认为用户体验速率才是5G最重要的性能指标。因为它真正体现了用户可获得的真实数据速率，也是与用户感受最密切的性能指标。基于5G主要场景的技术需求，5G用户体验速率应达到Gbps量级。

面对多样化场景的极端差异化性能需求，5G很难像以往一样以某种单一技术为基础，形成针对所有场景的解决方案。此外，当前无线技术创新也呈现多元化发展趋势，除了新型多址技术之外，大规模天线阵列、超密集组网、全频谱接入、新型网络架构等也被认为是5G主要技术方向，或都将在5G主要应用场景中发挥关键作用。

综合5G关键能力与核心技术，5G概念可由“标志性能力指标”和“一组关键技术”来共同定义。其中，标志性能力指标为“Gbps用户体验速率”，一组关键技术包括大规模天线阵列、超密集组网、新型多址、全频谱接入和新型网络架构。

5G将渗透未来社会的各个领域，突破空间限制，为信息数据的交互提供极佳体验，进一步缩短人与人、物与物的距离，同时借助人工智能、大数据、云计算等技术，加快实现万物互联的目标。5G还将为用户提供光纤般的接入速率，低时延的使用体验，连接千亿设备的能力，超高的流量密度、连接数密度和移动性等多场景的一致服务，业务及用户感知的智能优化，最终实现“信息随心至、万物触手及”。

5G 元年降临

人类的生活能够扩展到多远的地方？这要看人类科技进步的速度有多快，其中信息传递的速度是关键因素。移动互联网的普及，让用户足不出户就能知天下事。而5G的出现，则让本就联通的世界更加高效地运转起来，引领全球进入新一轮的高速发展。

“2020年开始已经太晚，没有人愿意等到2020年底才有5G，2019年是真正的5G年。”美国高通公司总裁克里斯蒂亚诺·阿蒙（Cristiano Amon）这样说。

2019年6月6日，工业和信息化部正式向中国电信、中国移动、中国联通、中国广电发放5G商用牌照。这标志着我国正式进入5G商用元年。

5G的全称是第五代移动电话行动通信标准，也称第五代移动通信技术。我们现在使用的网络主要是4G网络，也就是第四代移动通信技术。从4G到5G网络，并不是简单的技术升级，目前公认5G是未来科技的基础技术，它将从衣食住行等方面全面影响人们的生活，也就是说，人类社会将进入真正的数字化时代。

提到5G技术，大部分用户的第一印象就是5G的网速比4G更快，这可以说是5G带给人们最直观的感受。然而5G技术远不止这一个优势，除了千兆级别的网络速度，还有超低延迟、支持万物互联等诸多先进特性。

移动通信目前的第四代技术主要是围绕手机进行的，但在5G时代，依托搭建完成的网络平台，不仅通信速度大大提升，而且基于对VR、AR、云计算等技术的应用，加速了物联网技术的发展。那时，智能手机将只是网络的一小部分，万物互联、人际互动才是5G带给人们的最终体验。

人和物的连接，我们都能理解。但物与物之间该如何连接呢？当5G技术得以成熟应用并落地的时候，行驶的车辆可以实时进行信息交互、数据传送，同时对路况进行预判与示警，监控车辆位置信息，实现智慧交通、智慧城市的发展目标。

根据GSMA智库（GSMA Intelligence）的统计，2025年全球5G连接数将达11亿，全球三分之一的人口将被5G网络覆盖，这还只是一个开始，未来5G将会无处不在、无物不用。

正是基于5G技术的多种优势，各国才会将5G视为必争之地，其中又以中美两国竞争最为激烈，因为只有拥有5G标准的制定权，掌握核心技术专利，才能决胜未来。当然，许多具备科技实力的国家和地区也对5G技术十分关注，要在新的版图上圈定领地。

与中美两国的主动出击不同，世界上其他国家虽然对5G保持关注，但自身发展却进展缓慢。之所以呈现这种状态，是因为要投入5G，首先必须有大量资金用来进行大规模的基础设施升级，以及制造相匹配的通信设备。英国、德国电信运营商担心造成亏损，所以资金的筹集和划拨成为一个大问题。运营商们关注的是一旦大规模投入，何时会产生回报？有没有业务及用户是否愿意使用等问题，不解决这些问题，电信运营商不会贸然出手。

欧洲电信运营商建设5G网络投入大的原因之一是他们“只选贵的”，选定了建设成本远高于华为、中兴的设备商，因为出于传统、政治、经济各方面的考虑，运营商需要选择欧洲当地制造商的设备，只有一些规模相对较小的运营商会考虑和华为合作。所以，相较于中美两国，欧洲等国运营商要负担额外的采购资金，面对较大的成本压力。

另外，5G业务带来的预期回报不高。欧洲电信运营商或欧洲社会显然不像中国这样渴望5G的到来。4G技术让移动支付、移动商务、共享单车等业务在中国爆发，渗透到国人生活的方方面面，在提高社会效率的同时，大大降低了社会成本。这种移动支付走天下的消费方式甚至让来华的外国人都感到新奇和兴奋。

消费者一旦成为网络发展的获益者，就很容易成为技术的拥护者，并对此充满了信心和好感。但在欧洲城市，这种感觉并不强烈，所以5G除了上网速度快，还能给欧洲带来什么，这是整个欧洲都心存疑虑的。

在亚洲地区，中日韩三国将是5G建设的参赛选手。日韩两国对于5G技术的雄心和积极性并不亚于中国。2018年，韩国在平昌冬奥会就进行了5G试验；2020年，日本东京奥运会也将开始广泛应用5G业务。

但对于拥有14亿人口市场的中国，却不是日本和韩国能够企及的。中国市场的价值不仅在于5G网络，更在于其背后的数亿网民经济。而且中国拥有华为、中兴等一流企业，4G基站的数量更是占了全世界总量的60%，相当于预先给5G网络的建设打了基础。国有企业所提供的低成本设备和高品质技术支持，让我们在这场竞争中获得成本优势的王牌。

继而，中国的业务开发商就可以在这个网络上为用户提供大量的、覆盖社会生活方方面面的应用和服务。据统计，中国目前有450万个APP为人们提供服务，几乎所有的生活服务都能找到对应的线上平台，这种普及率是其他国家不可想象的。

美国著名的分析公司斯特拉特福公司指出：“5G技术将提高发明先进技术的效率。中国将在这方面付出巨大努力。美国应研究各种预防措施，防止中国在5G竞争中获得过大优势。比赛的哨声已经吹响。中国、美国、韩国撸起了袖子，开始发明、测试和运用那些将推动经济发展的技术。”

目前，国内5G市场的战争号角已经吹响，各电信运营商纷纷抢先试水5G业务，想要冲出起跑线，冲上赛道。中国拥有华为这样优秀的通信设备制造商，14亿的人口市场，以及4G时代就已经走到世界前列的业务，我们可以说，中国已经为5G的发展做好了准备。

我国关于 5G 发展的最新政策

2019年被称为5G元年，消费者对其的认知度也逐渐加深。

2013年2月，工业和信息化部、国家发展和改革委员会及科学技术部共同成立的IMT-2020（5G）推进组，旨在进一步推动5G技术和标准的研发，通过牵头组织5G试验，支持5G从技术到标准的转化，推进5G工作计划，验证和提升5G技术方案，并支持形成全球统一的5G标准。这一系列动作说明，5G早已上升为国家战略。

2015年，国务院办公厅印发了《关于加快高速宽带网络建设推进网络提速降费的指导意见》，提出了“中国制造2025”战略，推动物联网、智能家电和高端消费电子等制造业不断创新，实现向“制造强国”的转型升级。同年，又提出了“互联网+行动计划”，推动移动互联网、云计算、大数据、物联网等技术与传统行业相结合，为经济增长创造新动能。

2016年，全国人大在颁布的“十三五”规划中，进一步提出实施网络强国战略。政府在提出政策的同时，给出了实施规划。我国5G技术研发试验分为关键技术试验、技术方案测试和系统测试三个阶段。

2016年1月，第一阶段试验启动，这是我国第一次与国际标准化组织同步启动关键技术试验，对新一代移动通信技术测试和验证。试验充分验证了七个无线关键技术和四个网络关键技术的可行性，证实了其能够支持Gbps用户体验速率、毫秒级端到端时延、每平方千米百万连接等多样化5G场景的需求，进一步增强了业界对于推动5G技术创新发展的信心。

同年9月，我国5G技术研发第二阶段试验正式启动。这一阶段的试验以技术方案测试为主，主要面向5G移动互联网和物联网的不同应用场景，包括连续广覆盖场景、低时延高可靠场景、低功耗大连接场景等七大场景的性能测试，同时还有多方互通对接测试。

整个测试分两步进行：在2016 ~ 2018年完成第一步的技术研发试验；在2018 ~ 2020年进行第二步的产品研发试验，实现2020年5G商用的目标。

在国务院发布的《“十三五”国家信息化规划》中，更是十六次提到了“5G”。与此同时，工业和信息化部在北京怀柔启动了全球最大的5G外场试验，中国三大运营商在官方指导下开展试验，完成了30个基站站址规划，用来满足外场单站及组网性能测试需求，设备厂商与各环节厂商也纷纷入场，开展互通对接测试。紧接着，工业和信息化部批复4.8 ~ 5.0GHz、24.75 ~ 27.5GHz和37 ~ 42.5GHz三个频段用于我国5G技术试验。此前，工业和信息化部已经明确把3.4 ~ 3.6GHz频段用于5G技术试验，以验证5G关键技术性能。新增三个频段为开展5G原型设备在统一频段上的功能和性能验证提供了必要条件，体现了我国政府对5G技术研发的大力支持和加速推进5G产业发展的决心。

2017年11月，国务院印发了《关于深化“互联网+先进制造业”发展工业互联网的指导意见》。随即，国家发展和改革委员会印发了《关于组织实施2018年新一代信息基础设施建设工程的通知》。

两会过后，国家发展和改革委员会、财政部联合发布了《关于降低部分无线电频率占用费标准等有关问题的通知》（以下简称《通知》），公布了一系列5G商用的减免优惠政策，大大降低了运营商成本，进一步加速5G在各行各业的推广应用。

《通知》表示，一是要降低5G公众移动通信系统频率占用费标准。对5G公众移动通信系统频率占用费标准实行“头三年减免，后三年逐步到位”的优惠政策：自5G公众通信系统频率使用许可证发放之日起，第一年至第三年（按财务年度计算，下同）免收无线电频率占用费；第四年至第六年分别按照国家规定收费标准的25%、50%、75%收取无线电频率占用费；第七年及以后按照国家规定收费标准的100%收取无线电频率占用费。

二是降低了3000MHz以上公众移动通信系统的频率占用费标准。其中，在全国范围内用于5G的频段，即3000～4000MHz频段由800万元/MHz/年降为500万元/MHz/年，4000～6000MHz频段由800

万元/MHz/年降为300万元/MHz/年，6000MHz以上频段由800万元/MHz/年降为50万元/MHz/年。这一政策出台大幅降低了我国5G频率资源使用成本。

三是调整了Ka频段高通量卫星系统频率占用费收费方式，按照卫星频率实际占用带宽向卫星运营商收取，免收网内终端用户及关口站的频率占用费。该项政策减少了卫星运营商的成本，免除了企业专网、远程教育、新闻采集、卫星互联网等用户的频率占用费，有力推动了我国高通量卫星的发展和卫星互联网的应用。近年来，我国接连发射了多颗自主研发的高通量卫星，逐步实现覆盖我国及亚太地区，更好地满足农村、边远地区、飞机、船舶等场合使用卫星互联网的迫切需求。

四是对列入国家重大专项，开展空间科学研究的卫星系统的频率占用费实行50%的减缴政策，积极支持国家航天事业的发展。

这一系列政策的发布给予了5G及相关行业充分的信心，也给予了各级政府制定具体发展规划的指导思想。中国预计将在2020年实现5G商用，到2025年，中国将拥有4.3亿个5G连接，占全球总量的三分之一，跃居全球最大的5G市场。

全球 5G 发展概况

随着2020年实现5G商用的目标确立，各国政府纷纷将5G建设及应用发展视为国家科技项目的重中之重，位于5G前沿的电信营运商及设备厂商也蓄势待发，更多的下游应用公司也紧紧盯住了这片新兴的市场，全球科技产业势必会展开新一轮的跑马圈地，5G市场战火一触即发。各国在5G技术面前或严阵以待，或暗自发力，或寻求合作，其间的合纵连横，你来我往是一次次政治和技术的博弈。在这场关键赛道上，谁都想赢，狭路相逢勇者胜。

早在2016年年中，美国政府就对5G网络的无线电频率进行了分配，计划在2018年实现全面商用并向其国内电信运营商提供了资助，在四座城市进行5G的先期试验。

2017年，美国电信运营商Verizon正式宣布，已经和设备厂商爱立信签署战略合作协议，由设备方提供5G核心网、5G无线接入网、传输网及相关服务，于2018年下半年在美国部分地区部署5G商用无线网和5G核心网。当然，后来事实证明，Verizon的这一决定还是缺乏成熟的技术支持。美国另一家电信运营商T-Mobile表示，在芝加哥推出5G网络的那天，人们基本搜不到5G信号。

2019年年初，在白宫举行的关于美国5G部署活动中，特朗普宣布了美国在5G部署上的重要战略，称美国要成为5G时代的引领者。为实现这一目标，特朗普推出了一系列政策和措施，即美国政府将投入2750亿美元用于建设5G网络，并对美国联邦通信委员会FCC施压，要求其“大胆”放开频谱资源，提升批准效率。这次发言表明了美国政府干预和推动5G发展的决心。

同样，作为全球市场上颇具实力的国家，俄罗斯在5G方面的进程却较为缓慢。因为俄罗斯的国土面积广阔，其最大的问题在于高昂的5G建设成本。这对于本就投入巨大的5G产业而言，更是产生了一种放大效应，在一定程度上也就拖慢了俄罗斯5G基础建设的速度。对此，俄罗斯两家大型电信运营商MegaFon和Rostelecom决定合作，共同克服并承担其建设5G网络所产生的巨大成本。

在中国，政府早就对5G发展给予了高度关注，并进行了相关规划和部署。2017年的政府工作报告明确提出，在2017年要加快5G等技术研发和转化，做大做强产业集群。在政策利好的推动下，我国5G产业有望获得更多的政策扶持，关键技术将加速突破。

事实上，在推进5G方面，我国已处于领跑方。中国移动、中国电信、中国联通三大电信运营商在2019年9月相继开始5G网络的试商用。其中，中国移动将杭州、上海、广州、苏州、武汉、北京等17个城市作为5G商用的试验城市和应用示范城市。业界预计，中国在2020年将部署超过1万个5G商用基站。

在东亚地区，日本和韩国也加入了5G竞赛。全球其他国家大多计划在2020年实现5G商用化，韩国则计划更早一点开展实践行动。2017年4月，韩国第二大电信商韩国电信（KT）和爱立信，以及其他技术合作伙伴宣布，已经就2017年进行5G试验网的部署与优化的步骤和细节达成共识，包括技术联合开发计划等。2018年平昌冬季奥运会上，韩国电信在奥运村试点了5G网络，首次向全球展示了韩国的5G实力及其高科技产业实力。

诺基亚的5G部门负责人赫尔德（Volker Held）说："作为冬奥会5G网络的设备提供商，我们当时就展示了若干应用场景，比如无线直播比赛的高清视频。"

与韩国冬奥会相似，日本2020年东京奥运会及残奥会也成了日本发展5G的重要驱动力。为配合2020年这两大盛会的举办，日本各运营商宣布将率先启动东京都中心等部分地区的5G商业化利用，随后逐渐扩大区域。

日本三大移动运营商NTT Docomo、KDDI和软银计划于2020年在一部分地区启动5G服务，预计在2023年左右将5G商用范围扩大至全国，总投资额可能达到5万亿日元。日本曾经在移动通信领域遥遥领先于世界，早在中国使用2G网络时，日本就已经普及了手机的高清视频通话。而此次加入5G竞赛，日本或许抱着重回通信霸主地位的决心。

大洋彼岸的欧盟当然不会在这场全球5G盛宴中缺席。在2017年7月初步协议的基础上，欧盟很快确立了5G发展路线图，确定了主要的时间节点。通过路线图，欧盟确定了5G频谱的技术使用，还和电信运营商达成了一致。欧盟电信委员会代表同意到2025年将在欧洲各城市推出5G的计划。可即便是这样，赫尔德仍然认为，“与美国及东亚国家相比，欧洲略微落后了。”

实际上，欧盟成员内部各有各的计划。2018年7月，欧洲电信巨头Altice宣布，将与中国华为在5G领域展开合作，争取让葡萄牙在5G网络上领跑欧洲。2019年年初，英国国家网络安全中心推翻了之前的结论，改口说使用华为通信设备不会存在潜在风险。

另外，远在南半球的澳大利亚也加入了5G赛道。2018年8月，澳大利亚政府以“国家安全担忧”为由，明文禁止华为、中兴等企业在内的中国公司参与澳大利亚本土的5G网络建设行为。而华为强硬回应，将沟通并采取法律措施维护合法权益，不排除将起诉澳5G禁令。

总而言之，5G网络的建设和落地应用，考量的是一个国家的硬实力，其中包括政策、资金、技术等各方面的支持，缺一不可。只有综合国力强的国家才能站在起跑线上，重新划定5G产业的疆域。

升级世界观

“‘新5G数字世界观’正在形成。5G网络将提供实时的、可靠的连接来满足多种多样的需求。”华为 Wireless X Labs研发负责人王宇峰说。

也许你还不能一下明白什么是“5G数字世界观”，我们可以通过身边的生活来举例。十几年前，没有电子商务，购物需要亲自跑到商场和超市；二十年前，没有智能手机，我们对手机的认识仅限于它是通信工具。然而随着科技进步，我们很快接受了智能手机、电子商务、无人机、VR虚拟现实技术，这就是世界观的改变，随着5G时代的降临，我们也将接受和适应新时代。

我们对这个世界认知的改变，不仅在于对事实认知角度的加深，根本上在于视角的不断变化，老的视角被抛弃，新的视角被接受，从而带来世界的革命，所以我们才说要不断更新自己的世界观。不同的视角会引出不同的行动，进而带来不同的结论。从这个意义上说，我们看世界的视角比科学事实更加重要。

在托马斯·库恩的著作《科学革命的结构》里，对这种视角变化的意义做过详细的解释。他认为，科学革命更重要的意义在于完成了视角的转换，并把这种视角的转换叫作范式转移（paradigm shift）。

所谓范式，就是认知的模式，看待事物的“方式和视角”。转移，就是改变。范式转移，就是认知模式的改变。欧洲中世纪的时候，人们从信奉“地心说”到相信并接受“日心说”，继而引发了天文学、天体物理学的发展，这就是范式转移的经典例证。

为什么范式重要？因为它决定了我们如何看待对象、把对象看成什么、在对象中看到什么、忽视什么、自己和对象的关系是什么样等。一个范式一旦形成，就会束缚住我们对事物的想象力，而范式转移就是冲破原有的束缚和限制，为人们的思想和行动带来新的可能性。

新事物的诞生，往往会受到来自旧思想的批评。例如，在电子支付刚出现的时候，年轻人就会很积极地尝试这种交易方式，但老年人就觉得不妥，认为这种看不见、摸不着的交易，风险高，很容易上当受骗。但随着电子支付的普及，很多中老年人都成了这种全新支付方式的忠实用户，他们出门也一样不再带纸币了，而是在结账时掏出手机。他们看事物的视角已经发生了变化，接受了这种新的世界观，完成了范式转移。如果这时候别人再要求他们现金支付，他们会说：“都什么时候了，谁还用现金。”

那么面对5G，我们要更新什么观念，改变什么视角呢？都说5G是一次科技的飞跃，那么我们在接受新的世界观时，会不会感到困难和痛苦？

当然不会，5G会让人们的生活变得更加快捷、舒适，而这种变化很可能是难以察觉的、积极正向的。

在5G时代，交互中使用的图像、视频的分辨率会越来越高，交互方式也会产生新的变化。例如，全息、虚拟现实、增强现实等方式，在新的交互方式下，用户可以通过视觉、触觉等更直接的方式，随时随地进行立体的、三维的交互。

除了全新的信息交互方式外，5G还可以为生活带来更多期待。例如，在万物互联的智慧城市中，更加智能、更加便捷的技术应用正在逐渐改变人们的生活方式。无人驾驶的智能清洁车、智能投递的物联网无人机、可一键操控的智能家居生活体验等，科技正在颠覆想象，使世界观发生新的改变。

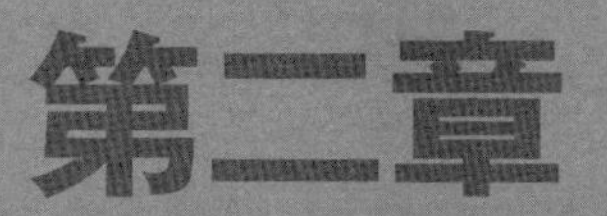

Chapter2

5G 关键技术

5G设备的革新

2019年6月，我国发放了5G牌照，经历了前期大量的测试，5G设备终于要真正大规模地投入使用了。要实现万物互联，完成2020年的5G商用化目标，对设备建设提出了更高的要求。在无线业务宽带化、多样化发展的驱动下，移动通信网络经历了从2G、3G到4G的发展历程，网络性能持续提升。5G新技术的飞速发展也推动基站设备的持续演进，基站设备在硬件能力、集成度及软件功能等方面不断提高，向着性能更优、体积更小、绿色智能等方向继续演进。

随着5G基站设备的硬件能力和软件功能进一步快速演进，逐渐呈现出以下发展趋势。

多场景适应性方面，5G网络支持的业务已扩展到垂直行业，5G初期主要支持eMBB业务，随着技术的发展，5G网络需要全面支持uRLLC、mMTC全业务场景。通过端到端的网络切片管理，按需部署网络资源，支撑各类垂直行业应用及多样化的业务需求。

平台通用化方面，多种制式的通信系统将在5G时代长期共存。电信运营商要求基站设备硬件平台要具备兼容不同制式系统的能力，基站设备可以按需开通不同制式，实现通信网络灵活部署，由此降低运营成本。基站设备硬件平台通用化也可以提高设备资源利用率，延长设备生命周期，降低网络建设成本。

设备高集成化方面，随着硬件产业链的发展，5G芯片的处理能力要不断提高，半导体工艺也需要更新换代，通过采用高性能、高集成度的芯片，采用更先进的半导体工艺技术，5G基站设备的集成度不断提高，设备体积更小、功耗更低，有利于节约机房空间，降低耗电量。

5G基站设备单站处理能力比4G基站设备能力提升了几十倍甚至上百倍；5G基站使用高频频段电磁波通信，传输距离将大幅缩短，覆盖能力也大幅减弱，也就是说，覆盖同一个区域需要的5G基站数量将大大增加；5G基站建设还需要解决其他配套设施改造的问题。华为已经研究出5G极简产品和解决方案，可以支持多频段、多制式高度集成在一个基站产品中，可以同时兼容2G、3G、4G和5G多个制式和多个频段，无须新增站点和基站。

网络智能化方面，无线网络智能化是未来重要的发展方向。5G组网中大规模应用的新技术将带来网络部署与运维的难度。随着人工智能技术的不断成熟，人工智能算法将会广泛应用于无线网络资源管理、自动配置与优化、能耗智能管理等方面，从而更高效、更智能、更便捷地实现通信网络资源的管理与网络性能优化，降低网络运维复杂度，降低人力成本，加快构建智能、绿色、高效的全新通信网络。

设备资源云化方面，硬件通用化、软件云化成为5G基站未来的发展趋势。目前，5G核心网采用虚拟化技术，基于通用的硬件平台实现软硬件解耦。从发展趋势来看，无线基站设备向着实现通信协议各层功能与基站硬件结合的方向演进。5G高层协议功能对实时性的要求相对宽松，易于移植到通用硬件平台实现。未来，随着通用硬件性能的提升及虚拟化技术的发展，底层协议功能也有可能逐步在通用硬件平台上实现。

华为董事长梁华认为，“未来通信网络的重要关注点之一就是能量效率，核心是用更少的能量传递更多的信息，以及在能量系统中通过信息技术来降低能耗。”他认为，随着全球5G网络的部署推进，其能耗并不会像人们担心的两倍于4G那么大，5G相对比4G的能效实际能提升10 ~ 20倍。

截至2019年3月，根据GSA数据显示，全球已发布七大类34款5G终端设备，包括手机、热点、室内客户端设备、户外客户端设备、模块、上网卡或适配器及USB终端。当然，人们最关心的还是与我们联系最密切的手机、平板电脑等设备，将会在未来变成什么样子。

其实，手机的升级并不在于它的外观和功能，而是突出强调“个人移动终端”的概念。5G时代来临后，我们经常使用的手机、笔记本、台式机之间的分界线将会逐渐消失，设备之间将呈现出融合的趋势。在顺应这个趋势的前提下，手机厂商首先需要解决设备之间操作系统的兼容问题，其次就是如何让新的终端设备更加满足用户体验。

信息传输快到超乎想象

人们对5G通信的期待主要集中在高传输率、低延迟、高网络容量密度等功能上。传统的移动宽带目标是无论何时何地，传输速率都能达到100Mbit/s，峰值速率超过10Gbits/s。而5G时代来临后，网络除了高速传输外，还要适应运营商低成本、低耗电、高密度、大量联结的需求。而物联网则更是强调低延迟、高可靠度，以及无行动中断。对普通用户来讲，我们更需要高速率、大容量和低时延。

根据高通在旧金山进行的网络模拟实验，5G网络的下行速率均值达到了1.4Gbps，相比于4G网络71Mbps的均值速率实现近20倍的增益，而时延均值也从115毫秒降至4.9毫秒，响应提速近23倍。当然这只是实验室数据，那么用户要怎样才能直观地感受到以上3个特点呢？

第一，高速率。相比4G网络初期实现的100Mbps的峰值速率，5G的理论值将达到5Gbps，甚至10Gbps，这将会是4G网络的50 ~ 100倍。这样的速率几乎可以忽略“本地”与“云端”的差别，充分保障了移动办公、即时会议等场景的体验。在数字娱乐领域，5G的高速率完全可以满足4K、VR等高解析度的媒体传输需求，用户可以享受到更有沉浸感的VR游戏、直播等。同时，高速率下5G通信的往返延迟极低，彻底消除了VR使用中由时延所带来的眩晕感，从而真正提升移动终端的VR体验。

第二，大容量。由于高频谱资源的引入及大规模MIMO技术的支持，5G网络的容量相比于现在将提升数十倍，这意味着基站可以同时为更多终端提供服务。在用户密度极高的信号重灾区，即使上万人集中通信，5G也可以满足每个人对高速网络的需求，不会出现有信号却上不了网的情况。

第三，低时延。5G网络有着低至1毫秒的延迟，更低的时延意味着更及时的响应。这一特性对于无人驾驶、应急事故处理等场景意义重大。以无人驾驶为例，目前的方案多依靠传感器技术实现，车辆根据环境进行被动式操作，难免出现一些事故。而当5G技术运用其中时，由于极低的时延，车和车之间可以进行最为及时的通信，从而主动规划行驶线路，根据突发情况做出最及时的处理，更加智能安全。

研究人员预测，截至2020年，全球无线互联设备数量将升至500亿台。因此，用户不仅希望能在计算机、平板电脑、智能手机、电视和游戏机等不同设备上欣赏到丰富的多媒体内容，还希望设备商能够提高设备的运行速度、可靠性及降低耗电。

与之前的Wi-Fi技术相比，5GWi-Fi在传输千兆吞吐量方面，运行速度更快、效率更高。同时，其在5GHz带宽上运行时，与相同带宽上的其他802.11技术一样支持向后兼容。此外，通过诸如传输（Tx）波束成形和低密度奇偶校验检查（LDPC）等技术组合，它还有望解决“有限的覆盖范围和连接速度”等越来越困扰Wi-Fi的难题。

我们以家庭环境中典型的WLAN设置为例，其通过无线路由器连接不同的设备（如智能手机、平板电脑、笔记本电脑、打印机和电视等）。由于家中的楼层和墙壁也可能构成连接场景里的一部分，不是家庭中的所有位置都能实现最佳的连接效果。大多数用户只能凭直觉采取行动去改善连接状况。例如，将房门打开以提高安装在家庭活动室中WLAN接入点（AP）的信号效果。由于频繁地改变家中的AP位置并不现实，我们需要采取其他方法来改善连接效果。对于用户而言，使用毫米波技术的无线宽带，其速度远高于从有线电视公司或电话公司获得的宽带速度。

毫米波是指波长在1～10毫米的电磁波，其频率大约在30～300GHz。从通信原理来看，无线通信最大信号带宽约在载波频率的5%，也就是说，载波频率越高，其可实现的信号带宽也就越大。从理论上讲，毫米波是光波向低频的发展与微波向高频的延伸。由于毫米波的独有特性，使其在传播时不易受到自然光和热辐射源的影响，不光是通信，其还可应用于雷达、制导等诸多领域。

例如，利用大气窗口的毫米波频率，可实现大容量的卫星到地面通信，利用高分辨率的毫米波辐射统计遥感气象参数，还可以使用射电天文望远镜探测宇宙空间的辐射波谱，从而推断星际物质的成分。现在，对于网络信号的传输，毫米波技术也产生了巨大助力。

当然，事物都有两面性。尽管毫米波技术用途广泛，但也不可避免地存有短板。例如，其传播距离最多只能在200米左右，无法实现远距离传输；穿透能力不强，在空气中会大量损耗，遇到墙或者其他阻碍就无法发挥作用。

在建设网络时，肯定不能一味地增加基站数量，缩短其间距离，因为电信运营商也是要考虑成本的，当然是基站之间距离越大、建的数量越少，也就越节省成本。因此，在网络技术传输方面，毫米波主要布置在室内，不能单独使用，需要与其他技术结合形成叠加型网络，共同实现对网络信号的传输功能。

无线通信依托于电磁波传播，最宝贵的资源莫过于频带。目前，电信业者已开始研究毫米波技术，以便找到最适合移动应用的频率范围。在毫米波频段中，28GHz与60GHz是最有望应用在5G通信的两个频段。其中，28GHz的可用频谱带宽可达1GHz，60GHz每个信道的可用信号带宽则可达2GHz。

4G的频段最高频率约在2GHz，因而其可用频谱带宽只有100MHz。5G与4G通信相比，使用毫米波频段，频谱带宽则可翻10倍，传输速率也将更快。因此，5G将不仅意味着10秒传输一部1GB电影，还将支撑如云端游戏、虚拟现实、车联网等更多的应用。

5G 网络部署面临的关键挑战

5G的快速发展给运营商带来了发展机遇和挑战。5G频谱、网络架构与4G网络相比差异较大，传统的部署模式已经不能满足5G的需求。

随着5G时代的来临，物联网、人工智能等新兴行业将迎来快速发展的机遇，同时也为中国带来巨大的经济效益。据相关数据显示，近年来运营商的营业收入增速普遍下滑，5G商用对于运营商提升收入水平来说意义重大。国内三家电信运营商在推进5G商用的思路上较为统一，均选用独立组网（SA）的部署方式，且已明确了5G商用时间节点，在全国多个城市开展5G试点工作。

要部署高密度异构网络，不仅要解决频谱效率、能量效率、系统容量的提升，还要避免网间干扰，设计出高密度异构多网体系架构和共存协调机制。

中国提出的5G蜂窝架构，就是将室内和室外分离，有效地避免建筑物墙体造成的穿透损耗。也就是说，与移动用户进行通信，无论位于室内还是室外，都能获得清晰、稳定、无干扰的通话。

这种网络架构的实施方案，就是采用分布式天线系统，围绕小区在不同空间位置分布部署数十根到上百根天线单元。这些天线单元通过光纤接入基站设备，提供强大的天线增益。室外基站配置大规模MIMO系统，并在每座建筑物的外墙也安装大规模天线阵列，用于室外基站或分布式天线系统通信，这些大规模天线阵列再通过电缆与室内无线接入点连接。这样，室内用户仅需连接室内部署的WAP来通信。

室内通信采用短程通信技术提供高的数据速率，如Wi-Fi、Femtocell、超宽带、毫米波和可见光通信等。其中，毫米波和可见光通信具有频率高、穿透能力差的特点，在室外环境中，空气、雨雾、气压等条件都会影响信号传输，造成损耗，但其具有的高带宽却可对室内用户提供短距离高速数据传输。

确定了网络架构，运营商还要考虑如何在通信设备密布的现网站点引入5G。运营商可以在5G建设之前或5G建设时进行一次合理的整合和优化，从而释放出宝贵的天面空间用于安装5G AUU设备。

针对5G覆盖的盲点或热点场景，则可以使用Pad微站提升局部性能。这种微基站只有Pad大小，可以隐蔽安装在建筑物外墙、路灯杆、广告灯箱等位置，显著降低站点获取的难度并可快速提升热点流量和盲点覆盖。

5G时代，运营商将面临网络复杂化、业务多样化、体验个性化的挑战。

网络复杂化主要体现在5G大规模天线阵列密集组网会出现多方共

存的局面，相比4G更加复杂。业务多样化主要体现在5G将渗透到工业制造、农业生产、智慧家居、远程医疗、自动驾驶等多个领域中，不同行业的信息传输都要依托5G网络解决。体验个性化主要体现在5G要为特定的行业或用户提供定制化、差异化的服务，构建涵盖用户全业务流程、全业务场景的网络接入数据分析和应用服务，并负责定制化切片全生命周期的管理和持续优化。

以上三个方面的挑战迫切需要引入AI技术来提升运维效率，并在网络告警、故障根因分析、网络覆盖、性能优化、网络容量预测、精准网络建设、网络级的能耗管理、云化网络资源动态调度、智能网络切片等领域进行维护。

中国联通已经获得了3500 ~ 3600MHz共100MHz带宽的5G试验频率资源，这也是目前全球最主流的5G频段。中国联通在5G商用前期部署方面，除了完成基础建设外，还在开发5G特色服务。其合作伙伴也都是业内的佼佼者，与腾讯成立5G联合创新实验室，与百度成立5G+AI联合实验室，与中国科学院共同成立5G技术联合实验室，携手互联网公司、设备及芯片厂商等启动5G网络切片合作伙伴计划，并与四十余家单位共同成立中国联通5G工业互联网产业联盟，计划构建5G业务新生态。

早在2012年，中国移动就启动5G研发项目，围绕5G场景需求定义、核心技术研发、国际标准制定、产业生态构建、应用业务创新开展了大量工作。中国移动联合大唐电信、爱立信、华为、英特尔和诺基亚等知名厂商共同发布“5GSA（独立组网）启航行动”，目的正是促进独立组网从标准走向真正商用化，推动端到端产品尽快成熟。

第一，坚持5G无线网与4G/4G+无线网优势互补、长期共存。其中，5G无线网优势是高容量、更强的业务能力与体验；4G无线网优势是现网覆盖好、建设成本低。应在高容量需求场景优先部署5G网络，发挥单比特建设成本和运营成本优势，应对容量持续增长需求。同时，发挥4G网络MBB业务托底作用，不断增强连续和深度覆盖能力，降低5G网络深度覆盖要求。做好5G与4G/4G+网络协同，推动演进空口成熟与部署，给用户提供“全5G业务感受”。

第二，面向投资效益，在4G频谱资源不足场景优先部署5G网络，同时在重点城市、核心区域开展连续部署。在4G不适配的场景，优先部署5G网络，满足现实需求。在重点城市，核心城区进行5G连续部署，确保5G网络口碑、保持网络领先，满足竞争需求。基于现网站址共址建设5G网络，整合现网天面资源，最大限度地降低建设费用和租金。

第三，面向5G业务生态多样性，综合利用多种网络能力实现5G网络部署与业务紧耦合。制定垂直行业端到端整体解决方案，匹配业务需求与各制式网络能力，综合应用各种网络手段满足业务需求。

中国电信也发布了《中国电信5G创新示范网白皮书》，这是全球运营商首次发布全面阐述5G技术观点和总体策略的白皮书。中国电信将从技术创新和产业合作两个方面全力推动5G发展。

2017年年底开展5G试验以来，中国电信联合国内外众多企业积极开展5G技术试验，如今中国电信已建成开通以SA为主，SA/NSA混合组网跨省跨域规模试验网，并在北京、上海、广州、深圳等17个城市开展5G创新示范试点。同时，中国电信联合各合作企业开展了多项5G应用创新实践。

5G语境下的大数据和云计算

2017年，工业和信息化部印发了《云计算发展三年行动计划（2017—2019年）》，提出到2019年，要将中国的云计算产业规模从2015年的1500亿元扩大至4300亿元，云计算在制造业、政务等多领域的应用水平要有一个显著提升，并成为建设网络强国、制造强国的重要支撑。

另据权威国际研究机构预测，到2020年，中国数据总量将会超过8万亿GB，占全球数据总量的20%左右。中国大数据发展正在快车道上不断前行，逐渐成为数据量最大、数据类型最丰富的国家之一。

2017年，广州市白云区政府与华为共同签署云计算产业战略合作协议，未来将协同在区内打造新一代信息产业集群，主要建设“三中心一平台”，创造千亿元产值。

同年，阿里云宣布将在广东设立阿里云研发中心，招募1000名云计算和人工智能工程师，推动大数据、云计算与广东产业融合。其中在制造领域，阿里将在广东建设其工业互联网云平台，并将全国工业云总部定于广州。

5G是新一代信息通信基础设施的核心。基于5G网络推进的生产基础设施和社会基础设施的数字化改造，正在使大数据、云计算、物联网等技术与应用从概念走向实际，从抽象走向具体。其中，大数据将成为5G时代的“数字宝矿”。经过4G时代的应用，人们已经充分认识到大数据对于当今社会发展的重要性。

一方面，全球范围内的互联网巨头纷纷建立自己的数据中心，专注于数据的搜集、分析。另一方面，产业互联网、数字化转型等概念正在被越来越多的传统企业接受并推进。大数据应用更是成为互联网企业的必选项。在企业应用过程中，海量数据的采集对数据时效性与传输速率提出了更高要求，5G的应用恰巧能弥补4G移动通信的不足，满足大数据产业对于海量数据传输、存储、处理的需求。

第一，5G使得同一区域内的联网设备数量可以达到4G的100倍，海量物联网的感知层将产生海量的数据，同时5G通过提升连接速率、降低时延，使数据采集更加快捷方便，这些将极大地驱动数据量的增长。据IDC研究报告表明，2020年全球新建和复制的信息量将超过40ZB。

第二，数据维度的进一步丰富。从连接的类型来看，目前的数据维度多为人和人的关联，5G带来物联网的发展，将会产生出大量人和物、物和物之间的连接交互的数据，如联网汽车、可穿戴设备、无人机、人工智能等。从连接的内容来看，5G催生的车联网、智能制造、智慧能源、无线医疗、无线家庭娱乐、无人机等新型应用将创造新的丰富的数据维度，AR、VR、视频等非结构化数据的比例也将进一步提升。

第三，大数据处理平台性能的提升。随着数据体量、种类和形式的爆发增长，单一的大数据平台难以有效应对复杂、多样、海量的数据采集、处理的任务，从而也就促进了数据处理和分析技术的进步。不论是混搭式的大数据处理平台，还是推动流式处理技术，都是为了进一步提高平台的数据处理能力。

第四，边缘计算的兴起。IDC报告数据显示，5G时代将有45%的物联网数据通过边缘计算进行存储、处理和分析，以此优化数据中心的工作流程。

第五，赋能AI，只有在数据足够多的前提下，才能训练出足够聪明的AI。人工智能相当于是大脑，云则是引擎，植入了大脑的技术才有智慧。研发自动驾驶的公司通过购买、采集各种驾驶行为的、道路的、天气的、行人行为的数据，强化AI的处理能力，从而让自动驾驶成为可能。而要对大数据进行处理，则需要云服务，只有数据足够多、云服务器处理能力足够强，才能训练出足够好的AI。5G的作用不仅是让汽车获取自动驾驶的判断，还有将各种传感器、手机上收集的数据，快速发送到服务器，让服务器做更快速的判断。

中国工程院院士、中国互联网协会理事长邬贺铨称，5G加快了无线大数据的增长，5G大数据在社会和产业各领域都会有广泛的应用，并会产生重要的影响。大数据在5G的应用有很广阔的空间，但同时也面临数据挖掘、复杂度、能效、安全性等挑战。

安全层面，数据采集点容易成为木马攻击的跳板。据调查，医疗行业的数据对黑客最有价值。对数据拥有者来说，不光要防止数据被窃取，还要防止数据被锁死。能效方面，人工智能1分钟就能完成一个信息安全分析师一年的工作量。类似这种规则性的、烦琐的、重复性的工作，人工智能可以完美替代人工。若大数据与AI相结合，可以实现对信息内容的管理，通过外部的舆情采集并关联用户行为信息，制定数据风险模型并及时更新调优规则。

大数据可以利用5G的网络来实现智能化，在运维管理上开始对大数据进行分析整合，即5G的网络智能化是通信缓存和计算能力的汇聚，整个运营管理就是利用大数据的优化。

总之，大数据已经成为信息社会的热点，也是信息安全博弈的焦点。需要将大数据与人工智能和物联网等技术结合，增强信息安全保障能力。同时，大数据的安全需要从技术、产业与管理多维度来保障，还需要人才与法规来支撑。

提到大数据，就一定要提到云计算、云网数，三者协同，才能使大数据释放出巨大的价值。现在，大数据技术在互联网领域得到了充分发展，如购物信息的精准推送、大数据算法下的信息流推送等都属于大数据技术在互联网行业的应用。那么，5G又是如何与云计算结合的呢？

中国电信董事长柯瑞文所说："5G时代是云的时代，也是云和网相互融合的时代，5G加速云网融合，云网融合为5G赋予更多内涵，两者共生共长、互补互促。"5G技术加速了智能化应用的发展，云计算对5G的发展也起到了促进作用。在这个过程中，海量的数据和应用需要一个安全可靠的云平台。而通过云网融合可以深度整合云计算与5G的能力，为5G发展提供强有力的支持。

5G将为用户提供超高清视频、下一代社交网络、VR和AR等更加身临其境的业务体验。同时，5G将与车联网、工业互联网、智慧医疗、智能家居等物联网场景深度融合。为了适应这些新的业务，云服务势必要进行升级以满足下一代业务的需求。如今，企业上云已是大势所趋，越来越多的企业将业务系统迁移到云上，享受云计算带来的服务变革，如高性能计算、弹性扩展资源、一站式运维服务等，大大降低企业的运维成本。

5G在超大带宽、低时延、灵活连接和网络切片方面的新特性，将通过网络架构和基础设施平台两个方面进行技术创新和协同发展来满足。在网络架构方面，通过接入云、控制云和转发云实现控制转发分离和控制功能重构，简化结构，提高接入性能；在基础设施平台方面，构建电信级云平台来实现对上层虚拟网络服务的承载，同时通过网络服务编排，解决现有基础设施成本高、资源配置不灵活、业务上线周期长的问题。面向5G时代，电信运营商的云化之路需要从网络架构、基础设施、业务服务和运营模式四个方面全面提升，在满足未来融合应用场景的网络需求的同时，以网络能力开放为基础，在能力平台和云服务领域必须加大创新投入，加快推出面向垂直行业领域的云服务，以适应即将到来的数字经济时代。

自2013年起，中国云服务商开启了国际化道路，开始向由亚马逊、微软和谷歌垄断的公有云市场发起冲击。目前，阿里云基础设施覆盖美国西部和东部地区、新加坡、澳大利亚、德国、日本及东南亚各国。腾讯云也在德国、新加坡、加拿大、美国等国实施了部署。

低功耗是5G手机的硬指标

2019年4月初，有预测数据指出，2019年全球5G智能手机的出货量将达到500万部。2023年，全球5G用户数量将达到10亿，2025年将达到27亿。中国拥有5G基站数650万，用户数3亿个，用户覆盖率达58%，预计在2020 ~ 2023年，将会出现一波换机高峰期，手机出货量将恢复增长。

5G将会承载工作、娱乐、社交等多方面的应用，但归根结底，5G的各种应用体验，都必须依靠终端展现。可以说，没有适配的终端，就没有5G；没有5G终端的普及，就不会有5G的普及。因此，5G终端的设计及产业链成型，甚至关乎5G的成败。那么5G手机有哪些特点呢？

5G升级的技术很多，但用户感知最明显的还是网速的提升和延迟的降低。而且物联网概念的落地，意味着以后的5G市场，手机将可能不再是绝对主角。不过，5G手机有可能会成为物联网的中枢，用户可以通过手机控制连入物联网的设备。

而要实现以上功能，功耗是设备厂商绕不开的难题，虽然这只是一个很基础的问题，但却与用户的主观体验息息相关。消费者普遍认为，

5G手机耗电。这是因为5G终端设备采用MIMO天线技术，需要在手机里内置至少8根天线，而每根天线都有自己的功率放大器，其功耗可想而知。但在5G覆盖率低的情况下，首选5G网络就会造成手机频繁搜索信号，从而产生较高功耗。

当然，这个问题并非无解，在增加功耗的情况下，芯片厂商或者手机厂商可以通过内置更好的芯片，设置更为智能的芯片核心调度方案，使用新材料、采用AMOLED屏幕等低能耗的配件、增加电池容量或增强CPU处理能力等方式，也可以降低手机能耗。

“确保5G终端的能效优于LTE终端，对5G网络顺利部署而且得到广泛应用至关重要。”大唐移动技术专家说。与LTE相比，5G移动通信支持更大的带宽、更多的TX/RX链路、更高的数据传输速率及更多的业务类型，如何解决功耗问题，是设备商要认真对待的问题。

项立刚说：“降低能耗是手机永恒的话题。”从3G手机、4G手机的发展来看，产品设计初期都会存在耗电量大的问题，但并不能因此就否定其未来的发展前景。目前，可以通过有效管理来缓解5G手机耗电大的问题，类似于设计多个核心，彼此间完全独立，不会冲突，可以分开管理。比如打电话时不需要其他功能，只让一个核心工作，就不会消耗太多电量。但是5G手机里集中了LTE、GSM、WCDMA、TD-SCDMA、CDMA2000等多种制式的网络，其管理难度也就比3G手机和4G手机难多了。这就好像一个赛车场内，原本只有一条车道，现在变成了八条，车行驶起来，总体油耗也就变大了，对车道进行管理也变得复杂了。所以，5G手机考验着芯片商和手机厂商的优化能力。当然，可以放心的是，5G手机厂商都十分注重用户体验。如果续航能力与4G手机相比差别太大，厂商不会轻易把产品推向市场。

从3GPP官网文件来看，大唐移动率先向业界提出了5G终端节能研究需求，并根据自身技术积累进行详尽技术分析，给出节能增益的评估与节能信号的设计。总体而言，5G终端节能技术，通过节能信号大大降低终端监测控制信道的功耗，进一步结合时/频/天线域随业务变化自适应调整的技术，使终端能耗明显降低。大唐移动的积极与努力只是行业中的一个“缩影”，在3GPP 5G标准制定的过程中，我国移动通信企业都有着非常突出的表现。

最后，从各大厂商已经公布的5G手机来看，并没有想象中那么科幻，除了折叠屏手机相当吸引眼球之外，大多数5G手机和现在已有的手机外观上相差不大。总的来说，5G的到来对手机市场是一个新的机遇，一方面它为万物互联、万物智联提供了技术基础，开启了万物互联之门；另一方面，它改变了手机的设计形态，并充实了手机终端上下游产业链。5G正在更新人们的世界观和行为方式，一个崭新的5G终端时代正在到来。

物联网推动 5G 发展与升级

物联网是一个不断增长的物理设备网络，它可以轻松连入互联网，也可以互相连接，具备收集和共享海量数据的能力。简单来讲，它就是把一切物体进行连接、交互，形成一个互联的网络。如果把互联网比作虚拟大脑，那么物联网就是感知系统，能让我们远程感知外界的万物，世界即在手中。

物联网的应用场景与我们的生活息息相关，如共享单车、网络购物、云服务、无人驾驶等。随着5G技术、大数据、云计算、人工智能的发展，物联网将走向智能家居、智能穿戴装备、医疗器械、虚拟现实版游戏、智慧社区、无人驾驶、智慧交通网络等具体应用场景，逐步实现智联万物。

据预测，到2020年，物联网所带来的利润将达到300亿美元。到2021年，全球工业物联网市场将达到1238.9亿美元。据麦肯锡预测，到2025年，全球物联网的下游应用市场规模有望达到11.1万亿美元。2019年，中国移动物联网连接终端规模达到了30.63亿，居于世界首位，涵盖了移动设备、可穿戴设备、家用电器、医疗设备、工业探测器、监控摄像头、无人驾驶汽车等。物联网的发展对技术条件的要求非常高，所以网络数据传输能力和物联网安全把控是当下急需解决的问题。

在网络数据传输上，5G要做的就是实现物联网所需要的高速率数据传输能力，而5G低时延的特性，则大大增加了一些应用场景的安全性。

在5G全面覆盖的环境下，使用传感器构建的设备都能够更快地进行通信和响应。5G最大的应用是移动状态的物联网，而移动物联网最大的市场可能是车联网。我国的汽车保有量不断攀升，呈稳步上涨趋势。自动驾驶汽车处于自我发展的最高水平，预计需要5G的物联网成熟度。实际上，为了实现实时感知和安全，自动驾驶汽车需要足够的网络速度和容量，以及近乎瞬间的延迟。据统计，2017年全球销售的汽车中，有60%～80%安装了远程信息处理系统，到2020年，90%的新车将实现网络连接。制造商还可以使用5G技术进行端到端的供应链跟踪，通过高分辨率视频馈送和传感器信息对车辆进行追踪，在沿着高速公路部署的5G基站，可以充当车辆通信的中转站，这将引发新一轮的技术升级。越来越多地使用AR技术、VR技术预示着创建完全模拟的数字环境，以及数字工具在日常环境中的叠加，消费者游戏、工业制造和医疗服务只是AR、VR早期使用案例中的几个。

5G、人工智能、智能平台和物联网的融合将改变世界。随着5G部署的不断扩展，越来越多的设备将接入网络，实现多维度的联合，物联网未来可期。

科幻照进现实

全球知名未来学家托马斯·费瑞从金融消费到交通出行，从社交应用到旅游娱乐，梳理出了5G给生活带来的变化。在这里，以往看似科幻故事的情节，今后将会真实发生在我们的生活中。

（1）未来的银行业会出现新的进化。目前，我国电子支付已经相当发达，那么继续发展下去，纸币是否还有存在的必要？托马斯预言，智能手机会替代自动取款机，银行密码会被淘汰，而且现金的使用会愈加减少，只占我们日常交易的很小一部分，银行柜员也将逐渐被虚拟柜员替代。当然都还只是可预料的变化，涉及银行经营和盈利的方面，则能看到一些新趋势和大动作。例如，银行会放出自动化小额贷款，使其成为银行新的盈利项目，无人操控的移动银行可能会出现在街头。

（2）未来农业有了科技加持。在未来，食品和农产品的供应链都将实现数字化，种植过程的追踪不再是说说而已。大数据可以对土壤、种植、产量进行实时监测，将天气、病虫害信息实时传送给养殖者；AR视觉扫描可以用于检测植物状态，分析植物健康问题；畜牧方面，AR还可以对牲畜进行筛查和分析。

（3）未来医疗实现足不出户，远程治疗。远程检测系统将进入家庭，每家都能有虚拟医生。患者的个人健康状况会在加密的情况下进行大数据传输；体检时能对内脏进行扫描，并呈现实时的全息检测；日常中人们能佩戴可穿戴的健康监测设备；对医生和护士的培训方式能通过互动虚拟来实现，医生和护士能借助翻译服务为不同语言的患者诊治，甚至可以实现由医生监督指导一个非专业人士执行紧急手术。

（4）未来的社交依然关注人与人之间的交流，改善人际关系。各种智能穿戴设备将助力社交，比如戒指、手镯等智能配饰可以通过发出不同颜色的光来表达佩戴者的情绪和心理活动，AR眼镜可以向佩戴者展示未来某次约会场景的预览。而要发生一次邂逅，人们可以通过相应功能的APP发现附近感兴趣的人，甚至能直接用手机拨打任何能看到的人的电话，即便是语言不通，还有智能的翻译系统确保人们轻松交流。想要获得他人的好感，外观评估系统还会扫描你出门的穿戴，并提供搭配建议。

（5）未来的保险业仍会存在，而且有着不可取代的地位，对理赔的反应也将更快速。自动全息全身扫描安全系统将取代“身份证”的认证方式，同时分析个人的风险模式。当发生索赔时，无人机会第一时间到达，对家庭、车辆和企业进行快速响应扫描，进行客户访谈、分析损失并支付赔款。

（6）未来的交通将发生跨越式变化，无人驾驶会成为标配。交通系统中一些需要人工完成的工作，都将由AI和系统接手，如交通警察、酒驾检测、红绿灯、加油站等。而新的交通网络则是车辆之间、无人机之间、汽车与无人机之间通信，来确保无人驾驶的安全性，拥堵问题也会大幅减少。

（7）教育界会诞生一个巨大的公司，承担传播知识、答疑解惑的责任。一系列的设备能帮助学生学习和记忆，有大脑刺激器在短时间内增加大脑吸收知识，有虚拟感官设备帮助学生集中注意力。在教学内容上，学生可以通过虚拟现实来解决现实生活中的问题。

（8）未来的零售业会以全新的姿态呈现。线下实体店不会很快消失，而是放低姿态，拥抱5G时代，积极尝试转型。实体店会用现场演示的方式吸引顾客购买。消费者进店后，店员可通过AR眼镜查看他以往的购物记录。商品上不打标签，而是用全息投影标识呈现价格。无人机会负责送货上门，甚至送货给行驶中的无人驾驶汽车。

（9）未来的休闲娱乐将更值得期待。人们可以通过视频直播看到世界各大城市的风景，虚拟假期比真正的假期更轻松，不用忍受旅途奔波。宏观投影可以呈现出全息的体育场，甚至整个城市，从而上演艺术表演。电子竞技将成为全球最大的体育赛事。

（10）未来的工作。人们还是要上班，但人们将承担那些人工智能无法处理和完成的任务。例如，管理和监控无人机集群、设计全息广告、线下活动策划和各种应用程序的开发等一些富有创意且工作内容变化大的职业和职位。

5G 时代的来临是科幻照进现实，各种全新的概念和模式层出不穷，必将逐渐淘汰旧的思维方式和技术方案，颠覆人们的世界观。我们能做的就是拥抱这种变化，因为成为一次划时代变革的参与者，一个人一生中有几次这样的机会呢？

第三章

Chapter3

全覆盖的应用场景

5G 时代的引领者

目前，全球66个国家中有154家运营商已进行了5G技术演示、测试、试验。早在3G和4G时代，全球主要国家及企业，对标准的制定权就已经开始了明争暗夺。中国也决心将其作为国家战略，致力于在全球格局下发挥主导作用。

目前，我国“十三五”规划中已经明确了5G产业的地位，将重点推动形成全球统一的5G标准，基本完成5G芯片及终端、系统设备研发，推动5G支撑移动互联网、物联网应用融合创新发展，为2020年启动5G商用奠定产业基础。为争取5G技术的全球主导权，我国政府和企业都投入了相当大的人力和物力。

中国三大电信运营商5G研发已累计投入1.23万亿元，已经超过了全球其他主要国家和地区，同时积极布局5G专利，截至2017年，全球共1450项的5G重要专利中，中国已拿下10%，仅次于美国及芬兰。此外，我国也全力布局5G的重要应用，包括物联网、AI、工业4.0、AR、VR等。政府的大力支持与行业资本投资已经初步构建了5G产业的生态。

随着5G牌照的发放，中国移动、中国联通及中国电信的5G正式运营时间，也从2020年提前至2019年下半年，将与日、韩、欧、美主要电信公司角逐5G霸主地位。

中国移动5G部署最早，成为三大运营商之首。中国移动是全世界用户量最多的电信运营商，在世界电信业有着巨大的影响力。三大运营商中，中国移动积累了先发优势。在部署时序上，中国移动在2013年我国发起成立IMT-2020（5G）推进组织时便参与其中，成为推进组中唯一一家运营商。2014年，中国移动便已经公开表示将支持5G项目发展。

同时，中国移动积极参与或主导了在5G标准制定、技术验证、产业链构建和产品成熟等方面的工作。中国移动在与垂直行业合作方面行动早，涉及行业广，2016年便成立了5G联合创新中心。目前，5G联合创新中心设立了5G创新基金，试图用资本的力量推动5G发展，已获得超1亿元资金支持，深耕九大垂直领域，分别为交通、能源、视频娱乐、工业、智慧城市、医疗、农业、金融、教育。

2018年年初，中国移动在杭州建成了首个5G试验站点。紧接着，陆续在杭州武林商圈、钱江新城、西湖景区、滨江高新区等区域建成了多个5G试验站点。到2018年年末，杭州建成超过300个5G试验站点，率先完成5G的基础建设工作。

除此之外，2018年年底前，以5G网络站址布局为重点，广东省也将制定各市移动通信铁塔站址建设规划提上日程，着重发展5G网络站址布局，争取三年内完成7300座5G基站，全面启动珠三角城市5G网络规模化部署。

从2017年开始，中国移动已经先后在广州、杭州、苏州、武汉、上海等5个城市开展了场外测试，每个城市预计将建成100个5G基站。除了以上5个城市外，中国移动还将在北京、雄安、天津、福州、重庆等12个城市进行5G业务应用示范。

2018年4月底，中国联通已宣布将在北京、福州、成都等16座城市开展5G规模试点，2019年预商用，2020实现规模商用。据悉，中国联通在国内布局的5G运营内容涵盖智慧奥运、智慧城市、智慧交通、智慧港口、智慧教育、智慧物流等。

同年5月，中国联通在贵州开通首个5G基站。中国联通方面还表示，2018年年底前完成5G规模组网试点建设，在贵阳市建设连续覆盖的5G试验网络，并开展超大带宽、超低时延相关技术验证和业务应用验证。

中国联通还于2018年设立5G创新中心，内设“行业创新合作实验室”和“重点战略合作实验室”两个实验室，主要聚焦智能制造、智能网联、智慧医疗、智慧教育、智慧城市、智慧体育、新媒体、智慧能源、公共安全和泛在低空等领域。

中国电信也于日前宣布即将建立5G创新中心，初步明确了因5G

而受益的11个垂直应用，包括基建、农业、金融、零售、传媒和游戏、公用事业、公共安全、交通、健康、制造及汽车行业。

在互联网/数字原生代方面，5G有助于建立紧密的客户关系。像网上店铺、社交网络、数字组织和协调工具及出行共享服务等企业都认为这些前沿技术能让自己站稳脚跟、吸引新用户并建立品牌忠诚度。其中，企业首先要增强用户体验。

在媒体、游戏方面，5G将带来真正身临其境的体验。例如，通过5G网络提供的更高容量为用户提供超高清4K和虚拟现实等服务。

在高科技制造业方面，5G带来更高的生产率。随着新的竞争者带来的威胁及业务流程对制造业的影响，大多数企业都计划通过5G技术提高生产力、改善用户体验并以更快的速度推出新产品和服务，希望能利用5G技术，通过资产风险监控管理，提高远程站点的安全性。

在汽车行业方面，汽车将凭借高性能的安全网络、更佳的性能、更高的安全性有望成为5G提供真正业务价值的领域。车联网是汽车行业的主要趋势，目前很多企业着眼于无人驾驶系统，但是拥有实时交通和地图信息更新的GPS则更实用。

在公用事业方面，5G将削减成本、保障安全。从事公用事业的企业对生产效率的提高、新产品和新服务更快速地引入格外重视。而5G技术通过传感器进行的远程监控和维护被视为最佳优势，因为许多公用事业单位希望通过远程遥控技术保护处于偏远地区或危险地区的宝贵资产。

在公共安全方面，5G将改善市民体验、提高其安全意识。公共安全机构希望5G技术和物联网为市民提供更高安全性，同时尽可能减少对纳税人资金的使用，希望通过新网络扩展联网设备性能及5G网络切片，在紧急情况下提供安全的优先级通信能力。

在健康医疗方面，5G将提高生活质量。大多数医疗健康企业高管都表示，希望能通过5G推出新服务和新产品，改善公众的生活质量。医疗健康企业高管都认为在5G医疗价值方面，安全和性能一样重要。

在金融服务方面，5G能够提高生产效率和客户满意度。金融服务行业希望5G能提高实时移动交易和高频交易。金融领域安全性是最关键的，84%的金融服务业高管更加关注5G提供更安全交易的潜力。

由此可以看出，究竟是谁在主导世界5G标准的格局与进程。我们应该明白一件事，唯有我国政府与电信运营商、通信设备商、终端制造商等政企通力合作，注重积累，才能真正地形成中国的5G综合实力，为我国在新科技时代赢得更多的话语权。

5G与智能家居

智能家居是人们努力要将自己的家变得更加舒适，经历了一次次大胆想象和创新尝试，一点一点将智能家居推到了现在的发展水平。据了解，智能家居最早出现在美国。1984年，美国联合科技公司将建筑设备信息化等概念应用于美国某市的城市建筑中，出现了首栋“智能型建筑”，从此拉开了智能家居发展的大幕。

追溯国内的智能家居发展轨迹，在21世纪以前，国内并无专业的智能家居厂商，只有北上广深等一线城市有几家相关企业，很多从事代理智能家居品牌的业务，生产的智能家居产品价格高昂，安装过程需要提前布置，费时费力，所以国内的消费者最开始很难接受智能家居。从严格意义上来说，这个阶段不能算是智能家居，只能算是智能家居雏形，它最显著的呈现形式是家电、窗帘、车库门等用电设备的自动管理。所以国内的智能家居也源自国外相关概念和产品的引入，目前来看，智能家居涉及的范围广泛、功能丰富，涉及灯光、电器、显示屏、窗帘、安防等多个场景，智能家居是在多个场景下，使家庭生活更为智能化的系统。但具体如何定义智能家居，目前还没有人能给出明确答案。

从20世纪90年代智能家居概念引入中国，经过了几年时间的沉淀，大概在2000年后，智能家居逐渐被中国的企业所认知，紧接着出现了一批企业，开始专注智能家居产品的研发、生产，所以萌芽之后的这个阶段被称为我国智能家居的开创期。这一阶段最明显的特点是，市场上出现了不少智能家居产品，但这些产品都是单品，彼此孤立存在，不能互相连接、互相通信。

智能家居概念萌芽之后，很多企业开始跟风进入这一领域，大批的企业打着智能家居的旗号进行研发。2005年以后，智能家居企业迎来了野蛮增长和恶性竞争的阶段，部分企业开始炒作智能家居概念、过分夸大产品功能，给用户留下了“华而不实”“虚张声势”等印象，智能家居也成为一个靠概念“行走江湖”的产业。在这段时间企业经历了销售量下降、规模缩减等困境。同时，国外的品牌趁势进入中国市场，如霍尼韦尔、施耐德等，这一时期就是智能家居发展的徘徊期。

2010年后，市场明显增长，紧接着迎来了相对快速地发展，并且出现了行业并购、整合的趋势，也有很多企业开始探索行业标准的融合，大量的家电传统企业开始入场，进行跑马圈地，这时大概是在2014年，所以这一年也被称为智能家居“元年”。由于正在经历着一系列的整合和变化，目前智能家居领域仍然处于融合演变时期，对照5G商用的时间表，人们认为这一时期会持续到2020年。

经过多年的洗礼，很多消费者已经知道智能家居的存在。得益于物联网的发展，智能家居进入物联网阶段，也是真正意义上的智能家居。这一阶段主要是发展智能家居的广度，关键词是“系统化+场景化”。其中，系统化是基于万物互联的思维，解决智能家居碎片化问题，化零为整，整合成一个系统，方便管理和控制；场景化是在系统的基础上，以排列组合的方式，塑造家庭生活场景的智能化。但直到现在，智能家居发展仍缺乏统一的行业标准，还存在用户体验不足的问题，很多消费者能接受智能家居的概念，但却不知道智能家居到底能够带来什么。

接下来是人工智能阶段，即家居与人工智能的结合。这一阶段主要是深挖“智能”方面的内涵和潜力。在智能家居和AI的碰撞中，大数据和云计算能力会得到充分发挥，深度学习、计算机视觉等技术也将得以运用，最终实现智能家居对人的思维、意识进行学习和模拟。据数据显示，到2022年，全球智能家居设备可达到9.4亿台的市场规模，虽然在量级上还不能跟智能手机相提并论，但作为另一类和人们生活息息相关的5G终端，其未来的发展非常值得期待。

在不久的将来，有了超高速率、极大容量、低延迟的5G网络，我们可以把家中所有的设备都接入网络，搭建自己个性化的智能家居。与此同时，AI可以以各种形式赋能智能硬件，更好地实现物联网。

从智能家居目前的受众来看，智能家居所聚焦的用户应该是高端住宅人群，这类消费群体往往具备足够的消费能力，年龄主要集中在中年，但是对智能家居的接受度不足。而对智能家居概念和产品接受度较高的是年轻群体，他们愿意去尝试新产品，接受新事物，但却缺乏足够的消费能力，这是目前智能家居厂商需要解决的问题之一。

从技术层面来看，人工智能的兴起为智能家居的发展奠定了技术基础，也在一定程度上助推了智能家居的发展，但问题也同时出现，在技术水平能满足人们的想象之前，在实体店销售中，企业把精力放在了对产品技术先进性的解释上，忽视了产品的实用性，这是智能家居萌芽期就遗留下来的问题。但从消费者的角度来看，恰恰是产品的实用性决定了产品的价值，从而最终决定了智能家居市场是否能得到发展。因此，如何回应消费者的疑问，让智能家居更“接地气”，也是厂商需要认真思考的问题。

目前，智能家居总体发展乐观，但具体到某件产品上，却存在爆款跌价快、后续销售乏力的问题。以飞利浦推出的一款语音操控的智能灯泡为例，一经推出就迅速登上亚马逊销量榜第二名，算得上是爆款单品，然而不久宜家推出了相似的产品，而且价格上要便宜很多，很快消费者就大量流失了，如今飞利浦灯泡的排名只停留在100名以内。

分析这款智能灯泡的利弊得失，不难看出，它存在价格高、体验差等问题。消费者反映要把智能灯泡和家里的其他智能设备连接，安装步骤十分复杂。安装失败的消费者会产生一种挫败感，从而带来不好的购买体验。

具体到中国的智能家居市场，则又呈现出一个奇怪的现象，那就是智能音箱销售火爆，带货能力强，其他智能家居产品却难以取得突出表现。据统计数据显示，目前国内市场上智能音箱的销售量持续领跑，产品不断迭代，其他智能家居产品则更新缓慢。自从亚马逊的Echo问世以来，智能音箱的形态一直推陈出新。各家厂商不断推出迭代产品，撬动消费者的好奇心。分析智能音箱能一直保持不错口碑的原因，是因为其人机互动体验更好，就算语音交互技术不够灵敏，也不妨碍它作为一款数码音箱的基本功能。

但要让智能家居真正走进人们生活，只靠一款音箱和几个单品是不可能拉动整个市场的，只有实现多品类持续增长，不断迭代，才能形成良好的生态。

此外，智能家居产品还存在产品自身研发速度与最新技术之间的落差问题和产品成本问题。

智能家居的单一产品或系列产品在研发阶段，都是基于同一种软件算法和连接协议，但在实际生产出来后，技术可能已经向前发展了好几轮。一旦新一代的产品和以往产品不兼容，不同厂商之间的技术壁垒导致产品无法连接，这都会把问题转嫁到用户身上，要么整套置换，要么只能坚持购买同一家的产品。

关于产品成本的问题，同样是技术高速发展带来的影响，技术投入不断被摊平，技术溢价又不断被打破。反映出来的就是产品投入市场后卖不上价，陷入市场的价格战中，这就给一些初创公司带来了很大的压力。

智能家居“一年一个爆款”的模式总会过去，随着5G网商用的落地普及，用户的消费最终会趋于理性，只有在智能家居领域拥有技术储备、生产经验、更强的成本承受力、更广的销售渠道，才能在一轮轮的淘汰赛中立于不败之地。

首先，厂商不仅要坚持在产品研发上投入，注意简化产品安装流程，让智能产品真的智能起来，还要注意在程序设置上“留有接口”，以便后期产品的接入，对于已经推向市场的产品做好后期运维，持续更新软件。

其次，初创企业如果担心成本压力，可以积极寻求其他家居设备和大厂商的投资，先确保自身的生存。还可以和房地产开发商、物业等合作，整套配套给商品房。

5G与“互联网+教育”

虚拟现实在教育领域的应用十分广泛，目前国内外不少学校都引进了虚拟现实技术（VR），虚拟现实技术（VR）可以为学生提供更加直观、形象的多重感官刺激，对学生的学习有很大的帮助。教育是虚拟现实行业中发展最快也将是最先落地的领域，随着政策的鼓励和市场的驱动，虚拟现实教育市场持续增长，潜力巨大，凭借网络基础设施、网络用户、终端分销渠道等资源，运营商在虚拟现实教育市场将迎来新的发展机遇，同时将推动虚拟现实教育的持续发展。

虚拟现实教育的价值在于提升学生的学习效率，并辅助教师授课。目前，国内的教育市场极为庞大，据教育部统计，截至2016年，中国已有逾18.9万所小学、7.7万所中学和3600所高等院校，招生总规模已达2.25亿人，对利用新技术不断提高教育质量和效率有着强烈诉求。Strategy Analytics收集了全球主流VR应用商店数据显示，教育始终占据VR应用的第二大类。VR教育应用的数量增长很快，已经从59个增加到172个，一年间增幅达292%。

5G将会推动智慧教育时代的到来，人工智能应用场景会再次得到深化。在5G技术下，人工智能将与物联网、大数据等技术互相融合发展，让人工智能模拟“人的思维方式”，更好地辅助老师教学、学生学习。

5G为“AR/VR+教育”提供了技术保障，AR/VR在教育中的应用有了更多可能，学生可以跟随老师在超越现实的虚拟环境中自由移动、交互和操作，体验到不同于以往图像、文字、视频的学习形式，教育可以扩展到更多场景，创造出沉浸式的场景教学。借助VR和全息技术，在线直播上课将接近线下体验，即“老师—场景—学生”的服务模式，能够最大限度地提升教学内容的影响力，并提高教学效率。具体来说，VR教育有以下四个方面的价值：

一是VR可以显著提升学习效率。据统计，普通的图文教学带来的学习效率约为10%，多媒体教学的约为30%，而VR教学以其高沉浸式的体验，可将学生的学习效率提升至70%。

二是VR可以降低教育成本。将VR应用于实验教学中，可以降低实操的成本，解决实验材料不足的问题。比如，化学实验中各种昂贵的实验材料，可以通过虚拟现实技术来模拟，即使实验失败，也不会造成实验材料的损耗。另一个有着稀缺资源的学科是医疗专业，在教学中，学生不一定有充足的人体资源可以使用。VR教学还可以将不可逆的客观现象进行反复重现和演示。

三是VR可以避免实验操作的安全风险。化学教学中有很多实验会涉及腐蚀性、有毒、易爆炸的液体或固体，用VR的方式进行实验则可以避免实验风险。

四是VR可以激发学习兴趣。VR的教学形式超脱了以往看书识记的枯燥过程，变得更像游戏的形式，学生可以进入教学场景，真实感受到生动有趣的知识。

到2020年，所有人都可以在信息化环境下获得优质教育资源，各级学校都将提供宽带上网支持。VR教育和培训市场正在成长且前景广阔，运营商应认真考虑如何参与并支持市场的发展。不过目前，在教育领域普及VR还需要解决以下三大具体问题：

一是VR技术不成熟。终端设备具有体积大、重量沉、线路多、电池续航能力差、易发热等问题，技术上存在空间定位标定不准导致场景内物体错位、网络传输延迟导致画面卡顿、容易引起眩晕等问题。

二是缺乏优质内容。相比硬件的研发，教育课件内容的制作存在滞后。因为所有的教学内容都需要从头开始，成本较高，需要教育机构和VR厂商共同努力解决。

三是缺乏统一标准，行业混乱。市场上终端设备的质量良莠不齐，一些劣质产品给用户留下了不好的印象。

在学校教育场景，由于经费和网络资源的不足，运营商首先需解决降低终端设备成本，为学校提供更大带宽，以及将处理能力转移到云端，解决时延和设备发热等问题。然后才可能谈虚拟现实教育的应用。另外，在线教育平台动作不断，2018年以来，经历了一个快速融资、集体上市、纷纷爆发的过程。人脸识别技术、AI老师、个性化推荐、大数据分析、VR技术正逐步被应用到在线教育。由于资金方面较公立学校雄厚，这些教育产品有可能率先在在线教育领域普及。

“互联网+教育”的未来将呈现以下发展趋势：

一是促进社会公平。未来的教育依旧是以学校教育为主，而如今家长们重视的社会化教育，未来还是会在教育领域占有一席之地。互联网与教育的结合，需要解决教育资源分配不均，补充学校教育，让难以接受教育的人群享受教育，学习先进的文化和思想，实现教育公平，也就促进了社会公平。

二是引领教育进入第四个时代。教育经历了从口传心授、读书写字到多媒体教育三个时期后，互联网将引发新的教育革命，新的教育形式不仅拥有以往的教育功能，还能实现人与人之间、人与机器之间的互动与分享。

三是互联网加快优质教育资源的传播。5G时代，我国有能力解决网络更广泛的覆盖，互联网科技则能够把优质的教育内容带到偏远地区，让山区的人群同样接触到文化与理念，启迪智慧。

四是凸显效率优势。对于学生和家长来说，学习效率很重要，互联网教育能够实现学习效率的提升，那么其自身的价值就能够获得认可。

五是在线教育拓展新的场景化体验。以往的在线教育是在电脑、手机、平板电脑上，而随着智能家居的发展，还会加入家庭客厅的场景，这给婴童和老年教育提供了更好的平台，让教育覆盖到更广泛的人群。

六是在线教育会持续创新。技术创新是在线教育的基础和驱动力，在课程的研发上，在线教育更应该坚持深度垂直发展方向，打造精品课程和产品。

七是教育大数据有望实现个性化分发。有数据分析能力的教育机构会引入大数据管理，更专业地解读大数据，实现教育信息或知识的个性化分发。

虚拟现实教育无论是对于学校、教师还是学生而言都具有巨大的帮助，相信未来会有更多的学校加入虚拟现实教育中，毕竟虚拟现实在教育领域拥有巨大的价值和重要的意义，发展前景十分光明。

5G与媒体、娱乐产业

英特尔一位负责5G公关的总经理Jonathan Wood说道："5G将不可避免地颠覆传媒和娱乐产业。如果企业能够顺应5G潮流，它将成为一项竞争力巨大的重要资产。如果没有，他们就有可能失败甚至被淘汰。"

事实上2010年开始西方主流媒体就开始尝试使用VR技术，所谓"沉浸式视频新闻"是媒体界普遍认为5G时代将带来的最大不同，甚至有媒体认为它将成为未来新闻内容形态的主宰。这类视频新闻利用"有限虚拟"技术、"超高清"技术、"3D"技术和360全景技术，让用户获得置身感与参与感。直到今天，全球范围内沉浸式视频仍然只有使用头戴式设备或特殊眼镜才能体验。受制于网络带宽和流量，以及终端拍摄设备等，此类新闻内容的数量还极为有限。但可以预见的是，5G时代来临后，随着网络基础设施的搭建完成，以及相应终端的完善升级，这种VR视频将被新闻媒介广泛使用。

5G对传媒的影响，实质上在于其颠覆了传统的传播方式。

5G技术的应用将带来社会连接能力的极大突破。互联网发展的历史是从机器的物理连接到信息内容的连接，再到人与人关系的连接，一直以来解决的都是“连接”的问题。5G时代，个人、家庭、组织及海量的终端设备以数字化、智能化的方式被连接在一起，共同构建起一个千亿终端的物联网，实现了信息的收发与交互。无时不在、无处不有的智能化连接，将构建出一个端到端的生态系统，我们只要接入网络，就随时随地可以与万物互联。

全连接意味着事物之间的关系发生了变化。在万物互联的全连接社会中，作为智能终端的个人、组织和物都将成为信息节点，人与人、人与物、物与物之间建立起互联互通、如影随形的共生共在关系。这种连接关系，不再是传统媒体时代以固态的信息流动而连接的信息关系，也不是移动互联网时代人与人之间的交往关系，而是终端与终端的关系。就社会意义上来说，是新型的人与物、物与物的关系。

全连接和新关系意味着移动互联引发的技术融合进一步向社会融合推进。首先是实体空间和虚拟空间的融合。新技术传播网络连接了原来毫不相干的地理空间元素，实现了虚拟信息网络与实体空间网络的融合。其次是人与技术的融合。人工智能普及应用，加速了技术和人之间的互嵌，促使我们思考人及人的主体性这一问题。再次是传播的融合，万物互联使任何终端都可生产、收发信息，因此传受之间、信息内容、传播环境都产生了融合。最后是社会各子系统的融合。人们的新型社会实践越来越集中在线上，致使原有的社会系统政治、文化与生活的分工架构无法满足新要求，需要用新的逻辑来重新构建。

智能化、在线化构成人们全新的生活场景。在智能化、全移动、全连接的社会中，人们将生存在智慧城市、智能家居、智能交通、智慧校园等构成的全新场景中。5G的技术优势还意味着人们“线上”行为与“线下”行为区隔的进一步模糊甚至消失。人与人、人与物的关系及人们生产和生活场景的变化，将开发、创造出众多区别于传统的新产品、新服务和新价值。

新一代信息技术已经不是4G时代的微信、头条、云计算、大数据这些了，新技术不仅解决了人和信息互动的内容，更赋予这种交流和互动新的形式。5G时代，人工智能、机器学习和深度学习，将在人们所熟知的大数据基础上对信息做进一步的延伸，最终我们要面对的媒体新环境是人、机、自然完全交互一体。而5G将带来新媒体的应用，会颠覆人们的认知和想象，信息的发布与传递将不仅局限在智能手机上，还包括汽车、房屋、智能家居等生活和工作的方方面面，都会被纳入媒体的覆盖和影响。

全新的媒体时代，用户可以直观感受到信息终端的改变，大屏肯定要在媒体发展中占主流，通过智能化架构能力、精准的推送能力和全屏的展现能力，最终给用户提供全媒体服务。大屏要实现开放化、多元化的改变，融媒体的形态是开放融合的，能将专业媒体、机构媒体、自媒体联结起来，传统媒体更要打开平台，融入生态，重新占领话语权，否则就要被边缘化。

5G技术的应用重塑了传播形态，表现出新的生态特征：

第一，媒介系统内部形态的多元共生。就信息生产主体的维度来讲，移动互联时代，“传统媒体时代的专业媒体分化或演进为专业媒体、机构媒体、自媒体三种作为生产信息主体的媒体类型，以及为这三种类型媒体提供信息聚合、分发技术与渠道支撑的平台媒体”，也就是我们所说的“融媒体”。5G技术和物联网普及，媒介的定义发生变化，媒介系统构成也随之变化，许多新成员将加入媒体行列，他们掌握着智能机器和传感器数据、物联网，也将具备成为新闻生产能力。

第二，传媒新体制将发生变化，以混合所有制为主。从资本构成来说，媒体系统由“作为国有媒体的专业媒体与机构媒体，作为民营媒体的自媒体与平台媒体”组成。在混合所有制的传媒新生态下，传统媒体的整体布局、内容生产、转型发展都将发生变化，顺应时代发展潮流。

第三，新闻生产与分发系统重构并形成新格局。4G时代，社交媒体的参与性特质颠覆了传统新闻生产与传播的唯一模式，专业生产内容（PGC）用户生产内容（UGC）和算法生成内容（AGC）等方式，促使大众媒体、机构媒体乃至公众新媒体一起成为信息生产者与传播者。5G时代，全新的技术将带来利用传感器进行信息收集，利用大数据和云计算进行数据分析处理，利用人工智能进行虚拟与现实相结合的播报，机器人写作和报道将以5G网络、大数据和云计算等技术为支持，信息将更加准确与及时。而且，基于新传播机制，分发平台的出现，将推动媒体融合发展，各种智能设备将成为信息接收的终端，为人们“分发”各类信息。新闻分发平台将进行新一轮的重构，中国电信、中国移动和中国联通部署的超高速宽带，包括人工智能技术的强大分析能力、空间和数据采集能力等，都会支撑媒体融合发展。

第四，用户的重新定义。5G时代，媒介与人的连接方式、人的生活场景及人与物的关系，都发生了根本性变化，因此，传媒新生态中的用户需要重新定义。人在现实和虚拟空间中穿梭，不同的空间位置和场景，产生了不同的关于人的信息及人与物的关系，媒体需要为不同场景中的人推送适配的信息，提供相应的服务。总之，环境、智能设施、场景都成为描述用户、理解人的要素和维度。

娱乐游戏产业则更为乐观，根据英特尔和Ovum共同发布的一份报告，从2021年到2028年，有5G技术做支持的AR/VR应用程序将累计创造1400亿美元的收入。4G时代带来了手游的大崛起，手游现在已经成为全球游戏格局中重要的组成部分，手游玩家的数量不计其数，说4G改变了游戏领域毫不为过。那么在未来，5G时代会改变游戏领域的哪些事物呢？5G时代到底展现了怎样的一个游戏的前景？

如果说“80后”普遍接受电子游戏，那么“90后”“00后”则完全是伴随着电子游戏的高速发展长大，对各种游戏有着较高的接受度。

5G网络首先会变革人们的游戏体验。随着网络传输的加快，网络游戏会率先解决延迟问题，让玩家之间可以公平竞争。相应地，游戏过程中功耗反而更低，这样就使得游戏公司可以设计更加精美的画面，并且可以在社交等方面设计出更加频繁的交互模式，这都有利于提升玩家体验。

5G还会推动云游戏的发展，大大降低对终端设备的要求，未来游戏设备的界限会消失。理论上来说，在未来无论玩家拥有的是何种设备，都可以玩到其他平台的游戏。这样一来，就有可能会扩大玩家群体，消除玩家之间的壁垒差异。

随着电子竞技的普及，可以为媒体及娱乐行业价值链上的企业开辟新的机遇，形成一项新产业。目前，全球电子竞技市场预计每年创造15亿美元的收入，覆盖全球6亿受众，而这个数字必将逐年增长，带动游戏开发、计算硬件等诸多领域发展。

可以想到的是，未来的5G时代，游戏体验将带来翻天覆地的变化，游戏会变得更加酷炫，而游戏玩家的用户群体肯定会得到更大的增长。

5G与智能制造

王雷是大疆电池研发部的创始人。2017年，他离开了奋斗了三年的大疆，顺应智慧制造的大潮，举家前往深圳创业。两年后，他的移动储能公司累计获得了千万元投资。他是成千上万汇聚到深圳的创业者之一，由于这里有全球最完备的制造业产业链，以及大量的高端人才，成为了智能制造的天堂。

之所以要把储能公司设在深圳，王雷说，首要考虑到这里得天独厚的优势。产品研发所需要的设备可以进口，但很多辅助性的材料、配件，都要去深圳采购，就近取材是制造业的金科玉律。而且深圳、东莞及惠州做事情的效率是其他地方无可比拟的，“一些事情，如果在香港可能要用两个星期，在深圳可能只要一个晚上。”王雷如是说道。

不只是本土创业者看中深圳效率，就连外国企业也会被这里的制造能力吸引。一些外国企业即便是能研发出顶级的技术，但却面临产品落地难的现象，因为在当地，材料和人工成本太高，产品即使能实现出来，也总有令人不满意的地方。比如，一个自动售货机的外壳，在美国制造和深圳制造的差价能达到5倍到10倍。所以有些公司会在本国做几个样品，但一定会把大规模生产的订单拿到深圳。

1978年，深圳出台了“三来一补”政策，指的是来料加工、来样加工、来件装配和补偿贸易。这些改革开放初期的创新经济模式，为后来大湾区制造业的发展，拉开了序幕。在政策的刺激下，深圳诞生了一批中国顶尖的制造业企业，从老一代的电器厂商TCL、格力、美的，到新生代的华为、大疆等新兴技术公司，再到各类智能硬件的创业公司，整个制造业已经逐步摆脱单纯的低端制造，形成了完整的高端制造产业链。

除了最近在国际频频亮相的华为外，过去几年，这里还涌现出大量既有核心技术，又有落地产品的独角兽公司。例如，横扫全球无人机市场的大疆创新，亚太区领先的自动化系统公司固高科技，以及侧重轻工业机器人的李群自动化、人工智能机器人优必选、电动车品牌小鹏汽车等。

制造业在国家层面乃至整个人类社会都扮演着至关重要的角色，智能制造已然成为全球化课题和国家级战略课题，很多国家都在智能制造领域进行了规划和部署。中国目前正在通过人工智能、物联网（IoT）、机器学习和智能分析等技术来加速制造业转型。GSMA智库预测，到2025年全球工业物联网（IoT）连接数将达到138亿，其中我国的连接数约为41亿，约占全球市场的三分之一。

分析认为，中国在工业物联网方面投入巨大，利用先进的信息技术与工业生产系统相结合，将简化生产过程，极大提高生产力和生产效率，在政府大力支持下，中国将成为该领域的全球领导者。

工业物联网将人工智能、云计算和大数据分析相结合，通过大量可实时监控复杂物理机械效能的连接传感器，对采集的数据进行分析，用于优化生产并进行主动预防性维护，从而提高效率，并产生可用于研发新流程的新洞察。所采集的数据还能够应用于生产制造以外的其他相关领域的分析，如减少能源消耗和网络资源投入等。另外，中国目前在人工智能领域发展迅猛，利用机器学习和算法优化，人工智能将有效作用于管理复杂的工业设施和流程再造。

智能制造融合了信息技术、先进制造技术、自动化技术和人工智能技术等，实现了企业从研发、设计、生产到物流、后期技术支持等各个环节的智能化。智能制造的先进性还体现在系统的自主学习上，在实践中不断优化提升。

智能制造具有以下特征：以智能工厂为载体，以关键制造环节的智能化为核心，以端到端数据流为基础，以通信网络为基础支撑。通过自组织的柔性制造系统，实现高效的个性化生产的目标。

以汽车生产线为例，智能制造柔性生产过程中，定制化车辆通过云化的智能信息物理系统的调度在动态生产线上自主移动，完成生产步骤。动态生产线可按需组合以满足不同车型和配置的需要，实现车辆定制化的生产，并且生产线智能化将大大缩短定制化周期，同时极大减少了汽车厂商的库存及资金占用，降低了生产成本。而传统顺序生产的汽车生产线在灵活度上很难满足高度定制化的需求，并且定制化生产周期更长。

在未来智能工厂生产过程中，人需要发挥更重要的作用。然而由于未来工厂具有高度的灵活性和多功能性，相应地就会对工人有更高的要求。为了快速满足新任务和生产活动的需求，增强现实AR将发挥关键作用，在智能制造过程中可用于对生产流程的监控，生产任务分步指引，专家远程技术指导，如远程维护。

在这些应用中，辅助AR设施需要最大限度地具备灵活性和轻便性，以便维护工作高效开展。因此，需要将设备信息处理功能上移到云端，AR设备仅仅具备连接和显示的功能。AR设备和云端通过无线网络连接，实时获取必要的信息（如生产环境数据、生产设备数据及故障处理指导信息）。

在智能制造生产场景中，需要机器人有组织和协同的能力来满足柔性生产，这就带来了机器人对云化的需求。5G网络是云化机器人理想的通信网络，是云化机器人的关键。

自动化控制是制造工厂中最基础的应用，核心是闭环控制系统。在该系统控制周期内对每个传感器进行连续测量，测量数据传输给控制器以设定执行器。5G可提供极低时延长、高可靠、海量连接的网络，使闭环控制应用通过无线网络连接成为可能。

信息化革命愈演愈烈，机器设备、人和产品等制造元素不再是独立的个体，它们通过工业物联网紧密联系在一起，实现更协调和高效的制造系统。当前制造业的转型可以看作自动化升级和信息技术的融合提升，这不仅是自动化和机器换人，而且工厂能实现自主化决策，灵活生产出多样化的产品，并能快速应对更多的市场变化。

智能制造过程主要围绕着智能工厂展开，而人工智能在智能工厂中发挥着重要的作用。物联网将所有的机器设备连接在一起，如控制器、传感器、执行器的联网，AI技术就可以分析传感器上传的数据，这就是智能制造的核心。

2018上海世界移动大会上，中国联通、中国移动和中国电信三大运营商亮出了时间表：计划到2020年，实现5G网络正式商用。可以预见，5G技术场景支撑下，中国制造业向智能制造转型升级步伐将加快，智能工厂将很快成为中国制造的标配。

一、助推柔性制造，实现个性化生产

为了满足全球各地不同市场对产品的多样化、个性化需求，生产企业内部需要更新现有的生产模式，基于柔性技术的生产模式成为趋势。

一方面，在企业工厂内，柔性生产对工业机器人的灵活移动性和差异化业务处理能力有很高要求。5G利用其自身无可比拟的独特优势，助力柔性化生产的大规模普及。5G网络进入工厂，在减少机器与机器之间线缆成本的同时，利用高可靠性网络的连续覆盖，使机器人在移动过程中活动区域不受限，按需到达各个地点，在各种场景中进行不间断工作及工作内容的平滑切换。

5G网络也可满足各种具有差异化特征的业务需求。在大型工厂中，不同生产场景对网络的服务质量要求不同。精度要求高的工序环节关键在于时延，关键性任务需要保证网络可靠性、大流量数据即时分析和处理的高速率。5G网络以其端到端的切片技术，同一个核心网中具有不同的服务质量，按需灵活调整。例如，设备状态信息的上报被设为最高的业务等级等。

另一方面，5G可构建连接工厂内外的人和以机器为中心的全方位信息生态系统，最终使任何人和物在任何时间、任何地点都能实现彼此信息共享。消费者在要求个性化商品和服务的同时，企业和消费者的关系发生变化，消费者将参与到企业的生产过程中，消费者可以跨地域通过5G网络参与产品的设计。

二、工厂维护模式全面升级

大型企业的生产场景中，经常涉及跨工厂、跨地域设备维护，远程问题定位等场景。5G技术在这些方面的应用，可以提升运行、维护效率、降低成本。5G带来的不仅是万物互联，还有万物信息交互，使未来智能工厂的维护工作突破工厂边界。工厂维护工作按照复杂程度，可根据实际情况由工业机器人或者人与工业机器人协作完成。

在未来，工厂中每个物体都是一个有唯一IP的终端，使生产环节的原材料都具有“信息”属性。原材料会根据“信息”自动生产和维护。人也变成了具有自己IP的终端，人和工业机器人进入整个生产环节中，和带有唯一IP的原料、设备、产品进行信息交互。工业机器人在管理工厂的同时，人在千里之外也可以第一时间接收到实时信息跟进，并进行交互操作。

设想在未来有5G网络覆盖的一家智能工厂里，当某一物体发生故障时，故障被以最高优先级“零”时延上报到工业机器人。一般情况下，工业机器人可以根据自主学习的经验数据库在不经过人的干涉下完成修复工作。另一种情况，由工业机器人判断该故障必须由人来进行操作修复。

此时，人即使远在地球的另一端，也可通过一台简单的VR和远程触觉感知技术的设备，远程控制工厂内的工业机器人到达故障现场进行修复，工业机器人在万里之外实时同步模拟人的动作，人在此时如同亲临现场进行施工。

5G技术使人和工业机器人在处理更复杂场景时也能游刃有余。例如，在需要多人协作修复的情况下，即使相隔了几大洲的不同专家也可以各自通过VR和远程触觉感知技术的设备，第一时间“聚集”在故障现场。5G网络的大流量能够满足VR中高清图像的海量数据交互要求，极低时延使触觉感知网络中，人在地球另一端也能把自己的动作无误差地传递给工厂机器人，多人控制工厂中不同机器人进行下一步修复动作。同时，借助万物互联，人和工业机器人、产品和原料全都被直接连接到各类相关的知识和经验数据库，在故障诊断时，人和工业机器人可参考海量的经验和专业知识，提高问题定位精准度。

三、工业机器人加入“管理层”

在未来智能工厂生产的环节中涉及物流、上料、仓储等方案判断和决策，5G技术能够为智能工厂提供全云化网络平台。精密传感技术作用于不计其数的传感器，在极短时间内进行信息状态上报，大量工业级数据通过5G网络收集起来，庞大的数据库开始形成，工业机器人结合云计算的超级计算能力进行自主学习和精确判断，给出最佳解决方案。

在一些特定场景下，借助5G下的D2D（Device-to-Device，意为设备到设备）技术，物体与物体之间直接通信，进一步降低了业务端到端的时延，在网络负荷实现分流的同时，反应更为敏捷。生产制造各环节的时间变得更短，解决方案更快、更优，生产制造效率得以大幅提高。

我们可以想象未来10年内，5G网络覆盖到工厂各个角落。5G技术控制的工业机器人，已经从玻璃柜里走到了玻璃柜外，不分日夜地在车间中自由穿梭，进行设备的巡检和修理，送料、质检或者高难度的生产动作。机器人成为中、基层管理人员，通过信息计算和精确判断，进行生产协调和生产决策。这里只需要少数人承担工厂的运行监测和高级管理工作。机器人将成为人的高级助手，替代人完成人难以完成的工作，人和机器人在工厂中得以共生。

5G 与智能出行

2016年，《推进“互联网+”便捷交通 促进智能交通发展的实施方案》作为智慧交通最为重要的一个文件，用优质的顶层设计带动交通发展，实现了经济效益的倍增。截至2016年12月底，包括城市智能交通和高速公路机电市场的全年千万项目（已中标，下同）统计规模为257.4亿元，同比增长41.04%。其中，交通管控市场千万项目规模为124.68亿元，智慧交通/智能运输市场千万项目规模为26.94亿元。

各大企业“八仙过海，各显神通”。华为推出城市智能交通解决方案，提供交通数据中心、敏捷网络设备、视频监控平台等IoT基础设施来构筑交通综合管理平台；海康威视发布基于深度学习的“深眸”系列，在人员行为分析、车辆结构化数据提取、道路事件检测、道路违章检测等方面十分智能；大华在北京安博会上带来平安城市车辆大数据解决方案、公路人车大数据管控解决方案等多达114个行业解决方案；科达通过卡口、电警、道路监控三大类智能前端，将车辆、违章、违法等各类视频与图片信息送入智能交通大数据管控平台，实现车辆检索、交通分析研判及交通实时布控与调度等一系列应用……

广义认为，智能交通是将先进的传感器技术、通信技术、数据处理技术、网络技术、自动控制技术、信息发布技术等有机地运用于整个交通运输管理体系，从而建立起一种实时的、准确的、高效的交通运输综合管理和控制系统。

中国信科大唐移动副总裁马军说："车联网是5G最主要的应用场景之一，将5G技术与车联网技术相结合的5G智能网联驾驶平台，通过构建车、路、云、人之间的互联互通，能更好地提升交通管理水平，促进城市交通智能化，也是实现无人驾驶的必由之路。"

从车联网到无人驾驶的转变

业界普遍认为，5G技术是未来几年最具前瞻性的技术，且对于各行各业而言，5G技术都具有革命性颠覆的作用。随着商业5G部署的第一波浪潮的兴起，智能家居、智能安防、虚拟现实、无人驾驶等行业将受到大大的推动，而其中，效果最为显著的将是无人驾驶。

从定义来看，车联网是以车内网、车际网和车载移动互联网为基础，按照约定的通信协议和数据交互标准，在车—X（X：车、路、行人及互联网等）之间，进行无线通信和信息交换的大系统网络，能够实现智能化交通管理、智能动态信息服务和车辆智能化控制的一体化网络，是物联网技术在交通系统领域的典型应用。但实际上，车联网技术只是在为"无人驾驶"打基础。

无人驾驶又称自动驾驶，依靠人工智能、视觉计算、雷达、监控装置和全球定位系统协同合作，自动驾驶汽车让电脑在没有人类主动的操作下，自动安全地操作机动车辆。

由于无人驾驶需要大量的互联网数据接入才能够正常运行，而当前的4G网络已无法支撑这种需求。5G网络登场之后，得益于5G技术的连续广域覆盖、热点高容量、低功耗大连接和低时延高可靠四大特性，5G技术能够对无人驾驶产生的庞大数据进行传输和处理，并提供更精准的地图定位和更复杂的运算，从而引导无人驾驶技术高速、稳健、安全发展。

当下，自动驾驶汽车已经初步实现并已经走进了生活。从某种程度上来说，自动驾驶是提升道路交通智能化水平、推动交通运输行业转型升级的重要途径，也是带动交通、汽车、通信等产业融合发展的有利契机。

步入无人驾驶时代，需要加快修建符合自动驾驶的专用道路，以及完善充电充氢设施，推动智能道路的建设。

智能车路协同系统

这将是智能交通系统的新发展方向。

智能车路协同系统是基于无线通信、传感探测等技术进行车路信息获取，并通过车与车、车与路信息交互和共享，实现车辆和基础设施之间智能协同与配合，保证交通安全，提高通行效率，减少城市污染，从而形成的安全、高效和环保的道路交通系统。

智能车路协同系统的内涵有三点：一是强调人—车—路系统协同；二是强调区域大规模联网联控；三是强调利用多模式交通网络与信息交互。由此可以看出，无线通信网络在智能车路协同中的重要地位。

随着5G技术的到来，智能车路协同系统的最后一个环节将逐渐完善，并将加快促进道路网、传感网、控制网、能源网及管理数据基础平台五网的融合，实现不同等级智能车辆在同一道路上的同时运行，从而达到车路协同。

道路标识数字化、智能化

关于这点，在2019年的博鳌论坛上，我国工业和信息化部部长苗圩表示，已与交通运输部达成共识，在中国公路加快打造数字化、智能化改造，道路的标识、规则将进行智能化改造。在未来，道路标识（如“前方道路施工，请减速慢行”）、红绿灯等将能根据路况来“自主”地协调控制车行、人行的通行时间。

甚至在科学家脑洞大开的思维中，未来还将出现“虚拟红绿灯技术”，将行驶权和路权的判断交给每一辆十字路口附近行驶的汽车，让它们“集体投票”决定某一方向的某一辆车应该通行还是停下，并通过车载显示器或抬头显示技术，以红绿灯的形式提醒司机。这意味着每辆车都装了一套红绿灯系统，根据红绿灯指示提醒汽车继续行驶还是停止。

高速无障碍收费

高速拥堵的原因有很多，其中高速收费就是造成拥堵的大源头之一。

2019年5月，在交通运输部例行新闻发布会上，新闻发言人吴春耕指出，收费站收费将迎来一次变革，其中就包括系统改造建设ETC车道和推进电子收费全覆盖工作。

其实，电子收费全覆盖也可看作高速无障碍收费工作的基础。在专属的ETC车道上，相关平台系统将对行驶汽车进行精准实时定位，在进入自动计费路段，将自动结算行驶汽车高速路费信息，跨省收费也将纳入自动结算部分。而行驶汽车在接收电子收费信息后，车主可通过网站自主缴费，从而省去停车缴费这一过程。

一旦高速无障碍收费工作进入正轨，高速公路将从抬杆到无杆过渡，不停车快速通行也将成为现实。

道路意外情况预识别

在智能交通管理系统中，道路意外情况识别是智慧交通管理的重要依据。

目前，道路意外情况识别主要依赖摄像头等图像采集设备，采集道路交通监控领域的图像，对道路交通上的车辆图像、对车辆碰撞事件等车辆进行识别。但这种识别还存在对已发生的车辆碰撞事件中，并不能起到很好的预防作用。

未来的智能摄像头可以对道路交通上的车辆图像进行结构化分析，在事故未发生之前就能预知车辆短时间的运行状态，将车辆碰撞事件扼杀在摇篮里。通过多种手段包括人工智能视频分析等技术对高速路意外状况进行预警，从而实现道路交通事故多状态预识别，避免驾驶事故，这将是安防行业未来几年内的发展重点。

目前，在中国的互联汽车市场，三家运营商均在开展5G自动驾驶试验，并致力于开发移动车联网等解决方案，以实现遥控驾驶、车辆队列控制和自动驾驶汽车。但是报告呼吁，推进针对汽车黑客和数据隐私等领域的立法，以推动创新和投资，鼓励该领域的未来发展。

在加快无人机市场方面，到2025年，估值达800亿元人民币的无人机市场将在中国众多应用领域快速发展，包括包裹投递和跟踪、现场测量、测绘和远程安全巡逻等应用。在测绘、实时视频分布和分析平台方面的改进也将有助于确立相关技术在垂直行业的应用。

5G与智慧医疗

5G直播手术突然火了起来。2019年4月，在巴基斯坦举行的第4届国际心脏病学会年会上，北京阜外医院专家吴永健教授及其团队通过中国联通5G网络进行了一台手术直播，这是中国首次向“一带一路”国家现场直播心脏介入手术。

2019年年初，上海首家5G智慧医疗应用示范基地揭幕式上，华山医院通过中国联通和华为的5G技术，直播了两台高难度开颅手术，不进手术室，人们也能身临其境地观摩医生的手术过程。

2019年4月，深圳首家5G智慧医院在深圳市第三人民医院启动建设，该项目由深圳市三院、中国电信深圳分公司、华为合作建设，通过5G通信技术和科技手段实现智慧医疗。

智慧医疗日益受到关注，其背后的难题是医疗资源分布不均、医护人员人才缺口、患者太多、医生太少，这是当下中国医疗行业最严重的问题。国内的医疗资源不仅无法满足患者对医生的需求，也无法满足对医疗设备的需求。

2018年，国家发布了《关于促进“互联网+医疗健康”发展的意见》，推动医疗人工智能研究和应用进入高潮。这个带有专业性的公共事业领域从来没有像今天这样热闹，新形成的行业风口，吸引了大量市场资本进入，一批优质企业脱颖而出。得益于政策规划的有力引导、市场主体创新活力的不断涌流，一个充满想象力的智能医疗时代正在加速到来。

人工智能赋能医疗，为我们呈现了一个美好前景。同时，发展的过程中也面临着一些挑战。例如，数据是智能医疗的基础，但目前医疗健康数据的标准化、统一化和智能化尚有待提升。我国拥有近14亿人口、上万家医院，每年产生医疗健康数据规模巨大，但绝大部分是非结构化的数据，成为行业创新发展的“瓶颈”。同时，当前人工智能产品数量可观，但质量参差不齐，从量的积累到质的飞跃，亟待攻克一些核心技术短板、培养大量复合型人才。

发展智慧医疗，利用科技来增加医疗资源利用率及供给量，是改善当前中国人均医疗健康资源严重不足的关键。从功能上大致可以把智慧医疗划分为辅助诊断、辅助治疗、药物挖掘、健康管理与基因大数据等几个方向。

辅助诊断是当前智慧医疗发展比较好的领域，最具代表性的是IBM公司的沃森系统，但这个系统仍然存在数据不足、缺乏广泛认可的行业标准的问题，而且造价非常昂贵，一般的中小医院可能负担不起。

医疗机器人是辅助治疗的热门领域。市场上研发手术机器人的公司很多，但真正投入临床应用的很少。

虽然5G直播只是5G一个最为基础的应用，但它却给医学教育带来了极大的便利。今后，很多基层医院的医生只需通过电脑和手机，就能看到顶尖专家超高清的手术直播，对提升基层医院手术技术、学习前沿知识非常有帮助。而随着“5G+医疗”应用场景在手术室落地，高难度手术技术的远程普及和医学教育方式也将被彻底革新。

5G时代的来临对于医疗产业而言，所带来的好处不仅限于促使电子病历（EMR）走向电子健康记录（EHR），且5G的低延迟、广覆盖率特性，也将让远距医疗、机器人远距巡房等应用快速实现于各地。同时，在有效提升各医疗院所工作效率的情况下，还能提升偏乡地区的就医质量，让老年患者能在不出门的情况下，即可享受到医疗照护。5G作为一个融合网络，并不只是4G的加快升级版，而是拥有比4G超10倍的用户体验速率，仅1毫秒的传输延时和10倍的连接数密度，这些都为物联网的落地实现提供了技术基础。

5G环境创造的无延时传输，能让医生在北京、上海，为远在新疆、云南的患者提供实时会诊、5G查房，甚至可借助操纵杆控制机器人“走”到病床前开展远程手术，真正实现医生的“千里手”时代。

除此之外，各种医疗机器人、智慧急救、智慧医院等基础建设，也因为5G网络技术而顺利落地。未来5G手机的推广和网络平台的投产，也将为医疗物联网和医疗设备提供必要的平台支撑。

随着我国城镇化的推进，加剧了城乡医疗水平不均衡的同时，人口老龄化、慢性疾病趋于年轻化等问题一直困扰着我国医疗服务行业，导致城市医院就诊压力日益加剧，“百姓看病难”等问题一直存在。这时，有5G技术赋能智慧医疗，传统的医疗服务将发生翻天覆地的变化。

智慧医疗可依托5G移动通信技术与大数据、“互联网+”、人工智能、区块链等前沿技术充分整合，推动医药卫生体制改革，加速推动我国医疗行业向数字化转型。与此同时，医院可利用有限的医疗人力和设备资源，最大限度地发挥医疗技术优势。在节省医药运营成本的同时，促进医疗资源共享下沉，提升医疗效率和诊断水平，缓解“百姓看病难”的问题。

5G赋能智慧医疗所带来场景变化主要有以下四大医疗细分领域：

一是远程手术方面，主要是解决医疗资源不均、特殊环境下（如战区、疫区等）的急救服务等问题。医院或者医生可利用5G网络切片技术，快速建立上下级医院间的专属通信通道的同时，通过医疗机器人或机器手臂，有效保障远程手术的稳定性、实时性和安全性，及时掌握患者的手术进度及情况。

二是远程超声方面，因医生检查手法及习惯不同，经常存在患者到不同城市超声检查结果存在偏差的情况。对此，就经常出现大量小城镇的患者向大城市优质医院专家寻诊，进而给城市医院带来就诊压力。而5G加持下的远程超声，优质医院的专家可随时随地通过机械手臂和高清音频交互系统与基层医院的患者交流并开展检查。与此同时，专家可以借助5G远程超声系统指导下级医院超声工作，进而将手法传授于其他医生，提升基础医疗服务能力。

三是导诊服务方面，医院通过部署采用云—网—机结合的5G智慧导诊机器人，利用5G边缘计算能力，提供基于自然语义分析的人工智能导诊服务，可以提高医院的服务效率，减轻大厅导诊台护士的工作量，减少医患矛盾纠纷，提供导诊效率。

四是AI辅助诊疗方面，5G+AI辅助诊疗可以PACS影像数据为依托，通过大数据+人工智能技术方案，构建AI辅助诊疗应用，对影像医学数据进行建模分析，对病情、病灶进行分析，为医生提供决策支撑，提升医疗效率和质量，缓解医疗供给不平衡、高质量医生资源短缺等问题。

据互联网医疗健康产业联盟预测，随着全球人口老龄化的不断加剧和医疗资源的日益紧张，各国政府和民众都越来越重视智慧医疗产业，不断推动着相关智慧医疗政策的落地与改革。全球智慧医疗市场在移动医疗、远程医疗等医疗新模式的带动下，正处于稳步发展阶段。2016 ~ 2018年全球智慧医疗服务支出年复合增长率约为60%，2019年全球智慧医疗服务产业规模达到4000亿美元。

在全球智慧医疗服务产业规模持续走高的过程中，我国智慧医疗服务产业发展空间及可投资规模较大。最主要的驱动因素是我国医疗资源长期存在供给严重不足，倒逼我国智慧医疗产业进行转型升级。

据悉，我国人口占世界人口的22%，但医疗卫生资源仅占世界的2%，而且近80%医疗资源集中在城镇。可想而知，我国绝大部分医疗资源集中在大城市，这必然导致我国农村、偏远地区等区域，出现医疗卫生资源（如设备、药品、基础医疗卫生服务等）不足的情况。

对此，我国近年来不断推动智慧医疗服务产业链的完善，主要围绕着两个方面进行：一方面，通过出台多项医卫信息化政策及新医改，推动我国医疗服务产业转型升级；另一方面，围绕着5G技术，云计算、大数据、区块链、人工智能等前沿技术，驱动传统智慧医疗产业向数字化转型发展。

从上述的“5G技术赋能智慧医疗，能带来怎样的改变？”中，我们不难看出，5G赋能智慧医疗确实可以解决医疗资源不均衡，提升医疗效率和诊断水平。而且，智慧医疗市场规模有望在2022年突破千亿元，我们正在迎接5G智慧医疗时代的到来。目前仅是5G医疗健康起步阶段（或实验阶段），产业的顶层架构、系统设计和落地模式上还并不完善。短时间内想要实现全覆盖及全服务的可能性并不大。

从行业发展前景来看，在5G技术的加持下，智慧医疗行业发展前景是非常广阔的。但是，从行业发展阶段来看，5G智慧医疗行业处于起步阶段，产业链还不够完善，亟须国家相关政策的引导。

Chapter4

5G 商用的现在与未来

中小型公司创业与转型的契机

“4G改变生活，5G改变时代”！在这个全民创业的时代，很多人选择搭乘5G这辆快车实现自己的梦想，也有的企业由于自身领域的业绩不断下滑，期望可以借“互联网+”的东风，实现翻盘。

5G创业的机遇，前端在网络基建相关的市场，基站天线产业、射频前端产业等，有技术、有实力的团队或企业适合从这里开始。还有一些5G和其他传统行业或新兴产业相结合的领域，如AI教育、物联网、VR、人工智能、智能家居等。

2018年，先是贝森科技倒闭，后是容一电动宣布解散。这让业内不禁感叹互联网行业要“变天”。

容一电动成立于2003年，主要做动力电池热管理和电动汽车连接器的业务开发，产品范围包括电池包液冷系统产品及解决方案、电动汽车连接器产品及解决方案等。曾经的容一电动获奖无数，握有20多项国家专利，研发实力雄厚。

随着2014年新能源汽车的强势发展，充电桩市场的快速增长，众多企业纷纷入场布局，容一电动也决定在这一年开始转型。但是，作为从传统业务转型介入新能源领域的代表企业，容一电动在开局研发、投资和宣传等方面都有些过于激进。

自政府鼓励发展新能源汽车的政策落地以来，一批新能源充电桩项目纷纷上马，分秒必争地抢研发时间。不过，一直困扰充电桩企业的经营问题依然未能得到解决。那就是现阶段充电桩使用频率低，运营成本和收入出现倒挂，从而导致充电桩企业普遍亏损。即便是充电站中的充电桩可以通过统一的运营管理来分配客流，降低成本，可还需要付出额外的管理费。

业内人士分析，容一电动一方面在经营中资金回转账期较长；另一方面，业务扩张过快，又较为分散，最终导致近年来持续亏损，无法继续经营。容一电动的倒下，一时间让业内人人自危，人们都知道这不是最后一个。

如何发展企业是一种审时度势的能力。小米手机创始人雷军曾说："站对了风口，母猪都能飞上天"，这里的风口就是"势"。如果中小企业仍旧进行研发、采购、生产、销售、客服这种传统经营的模式，就会陷入企业发展的"瓶颈"，无论怎样对员工进行培训和管理提升，都难以实现业绩倍增和规模扩张，甚至连维持经营都困难，原因就是逆时逆势。不要说中小企业，就连老牌通信终端商摩托罗拉和诺基亚，也因为跟不上时代，被智能手机挤占了市场。在以大数据为主的"互联网+"时代，以信息技术为手段，构建市场反应快速、以满足和挖掘客户需求为主的经营管理模式正在兴起。

由此可见，处于传统经营模式的企业出路在于转型，而如今的转型之路就在于数字化、智能化转型。数字化转型的本质是，在“数据+算法”定义的世界中，以数据的自动流动化解复杂系统的不确定性，优化资源配置效率，构建企业新型竞争优势。企业数字转型必将经历从信息化管理向云端智能化运营的迁跃。要认识数字化转型，先要抓住其十大本质特征。

第一，数字化是应对不确定性的决策武器。从自然现象到经济规律，很多事物都具有不确定性，人的安全感来自确定性，所以人类社会的发展史可以说是在不断地与不确定性抗争，建立和巩固确定性。例如，农耕和畜牧改变了人类靠天吃饭的生存方式，物理学则预言和解释了很多科学现象，医学则通过治疗疾病来恢复人体健康的确定性。人类可以通过掌握更多的信息来增加确定性，结合数字化来说，那就是在“数据+算法”定义的世界中，化解复杂系统的不确定性。

第二，万物互联是结成了一个复杂系统。基于5G网络和各类技术，所有的产品都会接入这个网络，最终成为一个网络终端。单一产品不仅接入复杂网络，成为一个组成部分，并可控可监测，还安全易管理，可进行优化。这样的网络不再是以往的数字网络，甚至有了生物系统的特性。

比起以往的机械化制造体系，智能制造更像是一个复杂的生态体系。当机械臂、智能机器人等智能产品接入物联网，就构成了一个车间制造体系，而车间的相互连接又构成整个工厂的生态体系，这个体系内部的每一个智能产品各司其职，协同完成产品的生产。管理者要做数字化转型，就要理解智能制造的生态性，管理并降低系统的不确定性。

第三，企业竞争的本质是资源配置效率的竞争。谁制定出更优的资源配置方案，建立起更稳定的生态系统，将系统中的不确定性降到最低，就能抢占先机。决策层始终要思考的是如何缩短产品的研发周期、提质增效、降低生产过程中的废品废件。优化资源配置的核心是做出正确决策，在各个环节做出科学决策、精准决策，则能保证企业获得最优结果。

第四，企业要适应竞争环境的快速变化。智能的生态体系可以对外部环境的变化做出反应，不管是智能制造、工业互联网、中小型企业，在面对客户需求的变化、市场反应的变化时，都应该适应并跟上这种变化，谋求生存之路。传统消费者讲求的是性价比、产品质量，而新一代消费群体则更注重社交体验、交互性、技术服务等要求，企业不积极做数字化转型，将难以满足消费者新的诉求。

第五，企业要进行工具的革命。生产工具的革命不是增加流水生产线的数量，而是引入智能自动化生产线、各类控制系统及OA系统，其中提升的是信息传递的速度、产品的生产速度，从根本上解放体力劳动者和脑力劳动者，让他们去做更高价值的事情，进一步提高效率。物尽其用，人尽其才，反而是在节省成本。

第六，企业要进行决策的革命。以往的决策是基于数据进行分析和决策，基本上是管理层发现问题，分析问题，最后解决问题。而决策革命的主体已经转变，人参与决策越来越少，而系统参与的决策越来越多。只要把认知规律和方法论输入系统，系统就能在不确定面前展开决策，选出最优项。

第七，数字化要实现数据的自动流动，就是在整个工业互联网内，正确的信息在人机之间畅通传递。在数字化转型中，不仅要提升信息传递的效率，还要去设想哪个生产环节、决策环节上的人为决策可以省略，代之以系统进行更加理智客观的判断，继续将信息传递下去，这才是数字化的真谛。

第八，实现数据自动流动的核心是软件。软件的本质是将事物运行规律代码化，用来指导甚至控制物理世界高效、有序乃至创造性运转的工具。

第九，重新构建技术架构体系。传统的业务系统是“1+1”的模式，为了应对越来越复杂的需求，就在原有业务系统升级的基础上不断开发新的业务系统，新旧相连，复杂臃肿，像一个奇形怪状的复合型城寨。继续在旧系统上接入新系统，只会降低效率。数字化转型还要对架构体系进行一次整体迁移，需要构建一整套基于云架构的软件体系、商业模式、咨询服务、运维体系，使大量数据、模型、决策信息平台化汇聚，在线调用，系统之间实现互联互通操作，实现了业务系统的功能重用、快速迭代、敏捷开发、高效交付、按需交付。

第十，在数字世界里构造一个企业的复制体。企业通过物联网、大数据、云计算、人工智能、工业软件等技术将自身的信息上传到数字世界，逐渐可以拼出一个数字化的自己。

企业管理者和决策者只有明白了这些本质，才能真正实现企业的数字化转型。

大中型企业由于体系庞大，转型会相对较慢，因此不会轻易改变，而中小企业相对灵活，转型期经历的阵痛会少一点。阻碍中小企业转型的是管理者相对落后的观念，缺乏企业发展的明确规划及转型必要的资金。

中小企业的信息化、自动化基础普遍薄弱，而现阶段提供智能制造转型服务的多为软件或硬件服务商，转型升级的方案主要是让新产品融入企业的业务，在此过程中企业多处于接受指导、被动接受的地位，很少针对内需进行自上而下的全局规划，也就是说，企业如果要转型，一定要有一个与自身相适应的行动计划。

智能化转型作为一项系统工程，单靠企业自身的资本投入，很难坚持到转型成功。而中小企业融资难度远高于大型企业，管理者又普遍缺乏资本运作的想法和意识，这就是信息化、自动化浪潮之后，多数企业依然原地踏步的主因。

中小企业管理偏向粗放式，人员多以熟练工种居多，在中国人口红利丧失的今天，企业迫切需要解决招工难的问题，但其实人员缺口并未消失，只是变成了人才的缺口。

针对中小企业转型的这三个难点，可以这样化解。

首先，转型升级是大势所趋，所以，在资金允许的情况下，企业应该分阶段地投入，让资金有一个平稳的流动。另外，在“互联网+”和“中国制造2025”等相关政策落地后，政府对于中小企业智能化转型还会给予一定的支持。因此，企业应该多方了解当地政策的支持，获取相关的补贴，帮助企业快速转型。

其次，在技术方面，中小智能制造企业，应该从创新环境、激励机制和外部条件等方面入手，加大管理制度，引进优质资源、吸引创新型人才，逐步建立一个完善的技术创新体系，促进中小企业的全面发展。

最后，智能制造企业的用人问题，需要管理、技术等多方面的密切配合才能顺利运转，如果外招难以找到合适的人才，就通过内训来培养。

释放下游市场10万亿元收益

中国已经把5G作为国家战略，2017年3月，5G正式写入政府工作报告，我国要从3G跟随，4G并行到5G时代实现全面引领。“十三五”纲要规划指出，要积极推进5G发展，2020年启动5G商用。政府支持5G发展，企业加速研发，全球5G商用实现白热化的竞争趋势。5G具备的高可靠、低时延和低功耗大连接的特性将有力推动远程医疗、工业控制、远程驾驶、智慧城市、智慧家居等多种应用走进人们的生活。5G作为经济社会数字化转型的一个非常重要的关键基础设施，将对消费领域、生产领域，特别是生产领域产生深远影响。

5G作为新一代信息通信技术，将与经济社会各领域广泛深度融合，成为未来经济转型和增长的新引擎。各行各业对5G的持续关注，参与创新、研发、生产，或开展投资活动，都将持续推动产业发展，对未来经济转型和增长形成推动力。

在4G时代技术就已经成熟的消费领域，到5G时代也会得到快速发展。例如，超高清视频、新一代社交网络、沉浸式电子游戏等与我们生活紧密联系的领域。5G还会通过虚拟现实技术，带来音乐会、运动赛事、旅游等身临其境的新体验。除了手机等通信终端的革新外，还有人们最感兴趣的汽车领域。到目前为止，中国汽车保有量已达到3.6亿辆，汽车行业数字化程度较高，容易进行互联化、智能化，从而构建更强大的车联网，实现智慧交通。

中国工业制造业已经具备大而全的完整工业体系，拥有39个工业大类，随着5G、工业智能化和数字化的发展，将进一步带动企业转型，实现产业升级，推动制造业实现“中国制造2025”目标。

通信行业和其他行业一样，遵循先上游再下游、先基础设施后产品服务的规律。从管—端—云架构视角看，基础网络先行，终端跟随，应用和服务再次的梯次发展规律同样适用于5G。在这个过程中，整个5G产业链的投资主体也相应发生变化，从运营商、消费者向垂直行业和企业玩家进行转移。我们认为，基于5G主题，通信行业未来存在三波大的投资机会。

2019年，我国5G产业迎来了大规模的需求增长。预计截至2020年，我国仅基站规模就将达到千亿市场，整体5G产业市场前景非常广阔。预计截至2030年，5G将带动6.3万亿元的直接总产出和10.6万亿元的间接总产出。并且随着商业化进程的进一步推进，我国5G产业的产出结构也将出现一定程度的转化，其中5G信息服务商的产出将随着基础5G设施的普及在未来出现大幅增长。

数据显示，按2020年5G正式商用算起，预计当年将带动约4840

亿元的直接产出和1.2万亿元的间接产出，到2030年5G带动的直接产出和间接产出将分别达到6.3万亿元和10.6万亿元，两者年均复合增速分别为29%和24%。从产出结构看，在5G商用初期，网络设备投资带来的设备制造商收入将成为5G直接经济产出的主要来源，预计2020年，网络设备和终端设备收入合计约4500亿元，占直接经济总产出的94%。

预计2020年至2030年10年网络总投资将达4110亿美元，约合2.8万亿元，是4G网络的3.5倍。按运营商可接受成本而言，预计2019年至2025年7年网络总投资为1800亿美元，约合1.22万亿元，是4G网络投资（约为1170亿美元）的1.5倍。

由此测算，我国5G网络建设的总投资将超1.2万亿元，与行业预计的1.22万亿元大致相符。此外，5G技术的逐步成熟和落地推广将对下游智能终端射频前端模块（RFFEM）的元器件结构产生深远影响，而智能手机的射频前端属于个人消费品，驱动属性不同，与终端市场分开统计。

变“硅谷”模式为“中关村”模式

今天，有越来越多的中国人正在逃离硅谷，硅谷的神秘面纱正在慢慢拉下。

对于过去的中国码农而言，硅谷一直都是梦一样的地方，因为那里有苹果、Google、Facebook等一系列世界顶级的互联网公司。但近年来，硅谷的吸引力开始慢慢下降了，中国的创业环境、消费市场和对技术人才的需求却发生了天翻地覆的变化。虽然整体科研水平仍然无法超越美国，但中国在人工智能、电子商务、移动支付多个领域的发展，正在加快脚步追逐甚至领先于美国。研究机构CBIsights的统计显示，中国的独角兽企业数量规模已经接近30家，仅次于美国。

2000年，王翌还活在自己的美国梦里，从普林斯顿大学毕业之后，他在Google找到一份工作，并在硅谷买了一套宽敞的公寓。

2011年的一天，他和妻子坐在厨房的餐桌旁，告诉她自己想要回国。因为他当时已经厌倦了担任Google产品经理的工作，并且感受到在祖国创办公司的吸引力。尽管如此，说服妻子放弃美国的中产生活，回到上海从零开始并不那么容易。

如今37岁的王翌回忆说："我们那时刚刚发现她怀孕了。在下定决心回国之前，我们度过了非常艰难的几周，但最终她还是选择了回国。"

王翌的付出取得了回报：2018年7月，他的英语教育应用"流利说"募集到1亿美元资金。这也让他成为越来越多选择回国的硅谷人中的典范。

王翌的决定具有象征性的趋势，让包括Facebook、Google在内的硅谷巨头们都感到惴惴不安。因为他确实为在硅谷工作的众多中国人开了个好头。从那以后，越来越多的硅谷精英回到了中国，在腾讯、今日头条和百度等公司任职，其中最著名的无疑是前微软高管陆奇，他从微软离职之后加盟了百度，担任总裁兼首席运营官，负责人工智能的开发。

越来越活跃的科技行业显然是海归们回国的最大动力。据悉，现在科技行业已经取代了金融行业，成为海归们回国的最大目标。阿里巴巴和腾讯的上市带动了一系列的创业公司，现在不仅腾讯和阿里巴巴成为全球市值排名前十的巨头，还孕育了大量独角兽。现在全球估值最高的初创公司，有三家位于北京，而不是我们熟悉的硅谷。

在美接受高等教育的中国人才，正成为推动中国企业全球化扩张，以及人工智能、机器学习等下一代技术的主导力量。中国大学毕业生曾觊觎有声望的海外工作和外国国籍，但随着风险资本的充足及政府对尖端研发的财政奖励，他们中的许多人已被国内的就业机遇所吸引。

而中国大力引进优秀海外人才并不是说说而已。从2008年起，中国政府就启动了“千人计划”项目，每年引进1000个优秀的海外研究人员。而且随着中国政府力推人工智能战略的实施，未来将吸引相关行业继续投入数百亿美元鼓励人才回归。硅谷在一步步走下神坛，越来越多的人才正在回到中国，因为中国的创新领域正处于蓬勃发展中。

2010年，在一家公司担任投资总监的苏菂发现，在广袤的大北京，看投资项目已然成为一项体力劳动，每天大部分时间都在路上，能见三四个项目都算高效。

他脑洞大开地想，能不能搞个创业者沙龙？“车库咖啡”就这样在海淀图书城里开张了，经历了寂寂无名和生意冷清，车库咖啡最后迎来了人气陡升、创业者蜂拥而至的景象。扎堆的创业团队，成功吸引了200多家风投机构。小米的雷军、真格基金的徐小平、险峰华兴的王京、清科创投的刘一昂等大佬，曾在此定期出没。而滴滴、ofo、大姨妈、魔漫相机等知名企业，也是在车库咖啡孵化成长，冲出中关村。

从2011年开始，中关村电子大卖场开始转型升级，与之相隔不远的海淀图书城文化步行街也变身中关村创业大街，逐渐成为全国创业者的朝圣之地。2013年3月，这条200米的步行道，正式变身为中关村创业大街。前些年，O2O、P2P、大数据、移动互联网还是风口；转眼间，VR、AI、区块链、无人驾驶又成了热门。资本寒冬来了又去、创业咖啡热了又凉，这条大街的深度，已远远超越了200米的表象，不仅成了中国创业创新的风向标与温度计，更将中关村的创业精神延展到了全世界。用友公司创办者王文京说："全国各地出现许多服装一条街、百货一条街、制鞋一条街，为什么只有中关村才有'电子一条街'？因为中关村拥有大量高科技人才，这是中国其他地方无法复制的。"

2015年10月，"中关村大街发展规划"正式对外发布：中关村大街在未来3～5年将完成转型，现有15万平方米的传统电子卖场将逐渐腾退，集中有限空间着力发展创业孵化、智能硬件、"互联网+"等新经济、新模式，打造人才集聚、模式创新的创客中心和共享经济中心。

"在全国创新创业热潮中，如中关村核心区这样大规模的聚集服务资源，推动城市街区、产业升级，以新模式服务创新创业，这在全国都属于领先探索，意义重大。"科技部火炬中心主任张志宏说。截至2015年，在中关村新创办的科技型企业超过2.4万家，天使投资人超过1万名，成为具有"新服务、新生态、新潮流、新概念、新模式、新文化"六新特征的创新型孵化器。

2016年，示范区当年新创办企业的创业者44941人，创业接近4.7万人次，平均每天创业达129人次。示范区创业者呈现年轻化、创业背景多元化、创业技能和层次高端化、连续创业者群体不断壮大、京津冀协同创业趋势突出等特点。

现在，通过中关村智造大街的一站式中试基地，7天内就可以完成技术产品打样。在此过程中，企业可以根据自己的制造需求，像在医院挂号一样，在系统中自由选择每一个服务参数，后台会有超过200个工程师帮企业响应“就诊”。一旦企业有技术问题，可以实时连线工程师进行线上指导。快制中心、工业设计、3D打印、电路设计制造、设备检测等围绕智能硬件的实验室在智造大街扎堆聚集。

在中关村地区有以北京大学、清华大学为代表的高等院校，以中国科学院、中国工程院所属院所为代表的国家（市）科研院所；拥有多家国家重点实验室、国家工程研究中心、国家工程技术研究中心、大学科技园、留学人员创业园。雄厚的科学、教育、文化人才资源使中关村成为全国知识与文化最密集的区域之一，这也是中关村发展的资源基础。

今天，从北京地铁4号线“中关村站”出来，步行至创业大街，你便能感受中关村的变迁史。

作为中国第一个国家级高新区和自主创新示范区，中关村已经超越地理范畴，成为中国科技创新的最大品牌。

如今，“一区十六园”的中关村，汇聚了1万家天使投资、2万家创新企业、人工智能企业超过400家，占全国人工智能企业总量的1/4，拥有全国过半数人工智能骨干研究单位和10余个国家重点实验室。3万海归人才，贡献出北京1/4的GDP，企业总收入突破5万亿元；其中，坐拥321家上市公司，2017年中国独角兽企业中，中关村企业占据近60%，70只“独角兽”占据中国“独角兽”企业的半壁江山，其中人工智能企业达25家。2017年，中关村的专利申请量7.4万件、授权量4.3万件，全球人工智能百强企业，有6家中国企业入选，其中5家均来自中关村，包括商汤、第四范式、旷视科技、初速度和地平线。

美国《福布斯》将中关村誉为媲美硅谷的“全球最大科技中心”。而作为创新风向标的“中关村指数”则显示，中关村每平方千米的投资额，已然超越硅谷。

大批新兴科技企业群星闪耀：寒武纪、华捷艾米的AI、AR芯片，商汤、旷视、地平线的智能识别，百度、驭势科技的自动驾驶，百济神州的抗癌新药，中航激光的大型钛合金3D打印，京东方的柔性显示……这些企业正在改变中国科技产业的面貌。

陈春先或许意想不到，当年他燃起的创业星火，如今已成冲天燎原之势。

历经改革开放40年，有人无限感慨：农村改革是小岗村首开先河，科技领域则是中关村首当其冲。这座科技之城，必将成为永久的风口之地。

在2017年7月，国务院发布的《新一代人工智能发展规划》之后，中关村率先在全国发布《中关村国家自主创新示范区人工智能产业培育行动计划（2017—2020年）》（以下简称《行动计划》）。

《行动计划》提出，到2020年，将中关村打造成为人工智能领域具有国际竞争力和技术主导权的产业集群，包括形成一批标志性原创前沿技术成果，若干个有行业影响力的人工智能国际标准，2个以上实现规模化应用的细分领域，5家以上具有国际影响力的领军企业，10个以上数据、计算、开源等开放式创新平台，500家以上人工智能企业和50家以上细分领域龙头企业，超过500亿元的产业规模，超过5000亿元的相关产业带动规模。

据介绍，目前，中关村逐步成为全球人工智能创新发展高地，已经形成从高端芯片、基础软件到核心算法和行业整体解决方案的完整产业链，聚集了一批全国乃至全球的领军企业，部分关键技术环节已达到国际领先水平，是国内最大、最有影响力的人工智能创新集群，已初步形成国际领先的人工智能生态体系。

北上广深，谁将是5G城市

新型智慧城市是指利用新一代信息技术，以整合、系统的方式管理城市运行体系，让城市中各个功能智能化协调运作，全面提升市民的体验感和满意度。

2018年，国家发改委公布了5G城市试点名单。三大运营商已经可以与合作伙伴共同组建5G网络。对于广大城市而言，5G在未来将会成为城市基础建设的重要组成部分，有利于增强城市运营效率，进而提升城市竞争力。因此，对于以北上广深为代表的众多城市而言，加快自身5G建设进度，也是有利于城市长远发展的举措。因此，5G也是各大城市竞相角逐的一大战场。

2019年6月6日上午，工业和信息化部正式向中国联通、中国电信、中国移动和中国广电发放5G商用牌照，标志着中国正式进入5G时代。作为推动5G发展的主干力量，三大运营商的动向被整个通信业界密切关注。无疑，面对5G广阔的市场前景，运营商们也正摩拳擦掌，竞相争夺未来市场增长点。而人口集聚、产业发达的大城市则是5G商用的最佳孵化场。

我国东部地区在布局5G产业时具有较高的参与度和活跃度。东部地区的省市具有经济基础良好、相关企业密集的优势。东部地区拥有丰富的通信运营商及相关通信解决方案资源，涵盖基站、核心网设备、通信终端等多产业链环节，形成了良好的产业氛围，在新一代通信技术发展过程中必然会领跑全国。

多年来，我国东部地区依托优越的自然地理条件和深厚的金融产业发展基础，对国民经济增长起着重要的推动作用。许多企业立足东部地区这片热土，经过重重考验，逐步成长壮大起来，成为具有一定规模和竞争实力的知名品牌，并将优质的产品销往世界多个地区。其中，东部地区的一些城市已然成为中国5G通信产业发展的新高地。

其中北京、上海、广州、深圳在各方面都称得上设施完善、资源丰富，如产业配套、政策规划、投资规模、场景应用、企业数量、人才聚集等，都遥遥领先于其他城市，因此在5G通信产业发展过程中具有较大的发展潜力。

2018年，北京联通在京率先开通了5G基站，首批覆盖了西城金融街、海淀稻香湖等地，随后又在北京长话大楼和梅地亚中心等地开通了5G信号。为了推进5G建设，在市政府的主导下，北京出台了《北京市5G产业的行动方案（2019—2022年）》。该方案具体提出了以下三个发展目标：①网络建设：到2022年，北京市运营商5G网络投资累计超过300亿元，实现首都功能核心区、城市副中心、重要功能区、重要场所的5G网络覆盖；②技术发展目标：北京市科研单位和企业在5G国际标准中的基本专利拥有量占比5%以上，成为5G技术标准的重要贡献者；③产业发展目标：5G产业实现收入约2000亿元，拉动信息服务业及新业态产业规模超过1万亿元。

2018年年底，上海市公布了《上海市推进新一代信息基础设施建设 助力提升城市能级和核心竞争力三年行动计划（2018—2020年）》。在该计划中提到，到2020年年底，上海将规模部署1万个5G基站，移动网络接入能力达到1Gbps，用户感知速率达到500Mbps。除了5G城市的打造外，上海还在着手打造5G产业基地，浦东聚焦5G系统设备、青浦华为园聚焦5G芯片，还有一些智能终端等。

2019年4月23日在上海举办的2019年中国联通合作伙伴大会上，英特尔与中国联通签署战略合作备忘录：面向2022年北京冬奥会，双方在5G基础设施技术和智慧场馆方面展开深度合作，打造全新的5G体验，为奥运会带来了前所未有的改变，共创精彩、非凡和卓越的“智慧冬奥”。

2019年4月24日，广东移动在广州举办“移启5G智领湾区”5G产业联盟成立暨5G＋行动计划发布会。会上，广东移动宣布“规划建设5G基站约1万个，打造广东规模最大、质量最优的5G网络”。

据介绍，广东移动近3年将投入200亿元，按照“2019年实现广州、深圳规模试商用，2020年实现全省规模商用”的目标，在全省范围启动5G网络规模化部署。其中，2019年规划建设5G基站约1万个，打造高速、移动、安全、泛在的无线网络。

此外，广东移动计划投入1亿元研发资金，在广州、深圳建设边缘计算实验室，开展5G云VR/AR、车联网、智能制造等十大领域5G应用的孵化，满足5G业务对低时延、本地化和强大计算能力的需求。

“智慧城市的建设，必然不是一个封闭的孤岛建设，而是一个开放的生态系统的建设，这个开放的生态系统与其他的城市生态系统是互联、共生的，是协调、开放的。”通信专家行业陈志刚说。

智慧城市是一个复杂的、实时的、动态的、高度协同的系统，在这个复杂协同系统中，物理要素和数字化要素需要协同；人与城市环境需要协同、人与社会需要协同、政府与市场需要协同、市场与市场需要协同，这种协同具有复杂性、实时性、动态性的特征，信息流、资金流、物质要素在城市的物理空间和数字空间流动；在城市与区域、与全国、与全球范围的物理空间和数字空间流动。

也不能完全排除中部、西部地区的一些城市脱颖而出的可能性。客观地看，哪个城市能够在通信基础设施完善、5G前沿技术引入、5G通信人才培养方面实现提升，哪个城市就有可能在5G通信产业布局热浪中勇立潮头，赢得未来。

商业模式焕新升级

5G时代，你熟悉的网购和实体店购物都会变得大不一样。

2019年5月，中国房协、上海移动、华为携手在上海陆家嘴中心L+Mall发布全球首个基于5G室内数字系统的“5G+五星购物中心”。基于5G DIS网络共同打造了多种应用场景，加速房地产行业数字化转型。

未来，室内将是数字化转型过程中非常重要的场景。在“5G+五星购物中心”中，针对体量大、人口密集、对网络要求较高的场景，投入大量技术研发，量身定制，充分发挥5G的高速度、低时延、广连接等特性，让更多用户感受到5G的美好。

针对消费者，5G的高速度、低时延能带来直观的体验提升；针对入驻商家，系统能通过5G上传商家数据，到云端集中管理；针对业主，管理物业、商业布局及人流量，都将会更加准确方便。

如果消费者感觉这样的商场购物还不能满足对5G的想象，购物体验还不够震撼。那么远在大洋彼岸的亚马逊已经开设了无人扫码收费的便利店——Amazon Go。早在2016年，亚马逊就在西雅图总部附近推出了第一家无人商店。一开始店里只提供少量的沙拉、三明治和零食，后来随着测试的进行，逐渐增加了少量杂货，让无人店更类似于便利店。

亚马逊Amazon Go的购物流程可以称得上是一种颠覆，不同于我们通常想象地挑选完商品去终端机上先扫条码，再扫二维码付款。在这里，购物者使用智能手机上的应用程序扫码进店。在转门处扫描手机后，就可以从货柜中拿去自己想要的东西。最后购物者不需要去找收款机进行结账，可以直接把商品带出店。因为遍布于屋顶的传感器和计算机视觉技术能够检测到购物者拿了什么，通过APP自动扣款并发送账单。

在测试阶段，工程师们注意到许多客户在出口处犹豫不决，询问员工是否真的可以离开。后来，他们在玻璃上张贴了一张大海报，上面写着“是的，真的，你可以走出去”。这样全新的购物方式消除了排队现象，大大节省了购物者的时间，而且由于节省了人工成本，亚马逊Amazon Go的商品比传统超市的还便宜一些。像这样的无人店，亚马逊计划到2021年前在全美开设3000家。

当然，调查显示，与实体店相比，消费者更喜欢网上商店的便利性。但对于那些试图用宽松的退货政策排挤竞争对手的公司来说，情况好坏参半。谷歌和一家印度电子商务公司的研究人员通过对比分析，为人工智能设定了程序，可提前预判到哪些顾客可能会退货，零售商就可以采取先发制人的行动，比如个性化运费，或者通过提供优惠券，让产品无法退货。

人工智能在电子商务中的一个重要应用是聊天机器人。随着人工智能的应用，公司将减少客服人员的数量，客户通过与聊天机器人的沟通，得知相关商品信息。AI不仅能简单制作商品海报，还能进行广告的精准投放。有了AI的支持，公司可以很容易地确定产品的目标客户，并向可能需要的人宣传自己。

通过分析客户的行为，人工智能可以研究和发布针对性的广告，或者简单地帮助他们快速找到他们需要的东西。

举例来说，阿里巴巴就推出了针对钻石展位的数据管理平台——达摩盘，商家可以通过它实现对目标人群的洞察分析、标签画像，从而实现定向投放。

现代电子商务产业的一个重要组成部分是仓库如何运作，货物如何流转。这是电子商务企业盈利能力的一个重要因素。电商巨头如亚马逊、阿里巴巴、京东，快递企业如顺丰，创业企业如旷视等都在布局仓储机器人。据Tractica预测，2021年之前，物流仓储机器人市场规模将高达224亿美元。

京东已经声明与新松机器人自动化有限公司合作，在仓库中安装机器人。这些机器人将快速有效地进行产品分类、安排和包装。

在智能仓储领域，一家2015年成立的公司非常引人注目，那就是极智嘉（GEEK+）。极智嘉基于机器人、人工智能、大数据、云计算和IoT技术。随着“中国制造2025”的推进，电商、制造业企业都需要更快捷高效的解决方案，极智嘉从最初的二维码分拣机器人开始，已经延伸并细分出拣选、搬运、叉车、分拣、智慧工厂和RAAS六大产品体系，成为合作企业解决仓储物流一环的重要支撑力。

5G 应用对全球经济增长的影响

全球科技产业最大机遇在于5G、云服务、物联网和AI新技术应用，尤其各界积极推进5G技术发展进程，5G技术将成为和电力、互联网等发明一样的通用技术，成为社会经济发展主要动力的一部分。未来5G技术将成为转型变革的催化剂，而这些变革将会重新定义工作流程并重塑经济竞争优势规则。2019年作为5G试商用关键年份，到2020年，5G将会在大多数国家得到普及，从而加速进入万物智能的时代，开启蕴含数万亿美元市场，整个产业链也将开启冲刺模式。

根据GSMA智库的预测，5G带来的工业数字化和自动化，将使2026年GDP增长5%。到2035年，全球5G价值链本身将创造3.5万亿美元产出，同时创造2200万个工作岗位。

全球各国运营积极部署5G，巨额投资投入为世界经济增长注入活力，来自IHS Markit给出的数据显示，预计到2035年，5G全球经济产出将达到12.3万亿美元，而中国是全球5G最大市场，依据信通院给出的数据显示，预计2020 ~ 2025年，中国5G发展将直接带动经济总产出10.6万亿元。

IHS Markit认为七个国家将领跑5G发展，分别是美国、中国、日本、德国、韩国、英国和法国。

其中，美国和中国5G将主导全球5G研发与资本性支出。从2020年到2035年，美国将投入1.2万亿美元，占全球5G投入的28%，中国约投入1.1万亿美元，占比24%。

5G全球价值链，包括网络运营商、核心技术和组件供应商、设备OEM厂商、基础架构供应商及内容和应用开发商，预计到2035年将增长至3.5万亿美元，比当前整个移动价值链还大。中国将贡献最大的总产出，其次是美国、日本、德国、韩国、法国和英国。

以深度学习为核心的人工智能技术，近年来得到迅猛发展，在AI+IoT新技术融合，并结合5G新一代通信技术，产业互联网将会迎来重大机遇，由此成为众多巨头核心战略。在物联网高级顾问杨剑勇看来，5G让海量设备接入网络，因万物互联产生海量数据，如果厘清数据在于人工智能技术，未来是以数据驱动各行业升级，国家与地区可以透过数据洞察未来经济趋势，企业利用数据可以实现快速创新，而云计算则成为这一切核心所在，可以说云是这个时代重要基础设施。

而马化腾2019年关于5G和产业互联网的言论再次引发热议，这是自腾讯2018年启动新一轮架构重组，提出扎根消费互联网，拥抱产业互联网作为新战略，新成立云与智慧产业事业群是腾讯拥抱产业互联网落地核心。值得一提的是，自腾讯在去年提升云服务战略地位后，不久百度和阿里等也做出相应调整，阿里云升级为阿里云智能事业群，百度升级智能云事业群组，预示着BAT三大佬正式开启激战云端，以此抢夺新一轮信息科技机遇。

BAT三大巨头在云服务的竞争格局，从营收规模来看，阿里云具有规模优势，但百度和腾讯也在加大参与，营收规模成倍增长，2019年腾讯云突破170亿元，而百度云也突破70亿元，BAT的云差距将会进一步缩小。就全球而言，全球三大云巨头领先国内BAT，亚马逊AWS云服务规模257亿美元（约为1725亿元人民币），是阿里云八倍之多。依据Canalys数据显示，微软Azure规模达到135亿美元（约为906亿元人民币），是阿里四倍之多。

国内云计算玩家与亚马逊和微软等国际玩家存在一定差距。在国内云市场，亚马逊AWS、微软及BAT在今年将会面临更加残酷的局面，虽然阿里云在国内有规模优势，腾讯、百度和亚马逊等增长迅猛。腾讯2018年云服务收入同比增长超过100%至91亿元，尽管腾讯云在这一场争夺战中面临诸多考验，随着腾讯年报披露，显然转型产业互联网取得成效。另外，依据Synergy Research给出的数据显示，在亚洲市场中，腾讯云在Top10厂商中增速第一,一举超越谷歌云，成为亚洲第四大云服务厂商。

腾讯云接近百亿规模，且以成倍的速度增长，不断蚕食对手市场，还有虎视眈眈的华为云，在国内各玩家激励厮杀中，将会逐渐拉近与亚马逊和阿里云距离，相信2020年，腾讯、百度等厂商的云服务营收规模将会进一步扩大，阿里云规模优势将不断受到冲击。

人们对连接的下一次复兴充满信心：91%的受访者认为5G将能够启用尚未被发明的新产品和服务。他们认为5G将刺激创新，其灵感来源的技术和发明将会带来更智能的家庭和城市，甚至改善人类健康。

投资的热点与陷阱

2019年，5G网络建设已经接近尾声，其间国内三大通信运营商共计投入超百亿元，在各个直辖市、三大工业区，以及重点城市群的数十个城市开展网络建设，周期将在5年以上。每座城市内住宅区、写字楼、城市地铁沿线、体育场馆等都将是5G覆盖的首要区域，第二步则是推进乡镇、工业园、产业园、工厂周边的网络基础设施建设。

按最低间隔和最高间隔分别计算，每家电信运营商2019年采购的5G基站数量大致为1万～2.5万个，涉及的5G投资支出范围在55亿～175亿元。下游华为、中兴通讯等厂商的业务收入在很大程度上依赖于运营商的资本支出，而下游的射频单元、滤波器等各类器件厂商的业绩也与此密切相关。

受运营商投资建设的影响，各类创新技术、终端设备企业也摩拳擦掌，整个5G市场更是吸引了各路资本的目光。

企业风险投资（Corporate Venture Capital）可以说是如今一些科技巨头企业的标配了，无论是国内还是美国硅谷。企业通过投资这根杠杆，给初创企业撬动大笔资金，再依托母公司的业务为这些创新公司提供扶持，在探索企业创新边界的同时，获得一定的回报。例如，谷歌旗下著名的Google Ventures、微软旗下的M12，都是此类风投公司。

2018年的全球企业风险投资报告统计，2017年全球共进行了2740宗风投交易，涉及金额高达529.5亿美元，可见这种投资行为风头正劲。在这股投资热潮中，不乏中国资本的身影，更不乏国际资本相中的中国独角兽企业。

据数据显示，2017年亚洲地区吸引的风投资金进一步上涨，较2016年上涨了31%。在第三季度，亚洲的“吸金”数量一度超过了北美。其中，中国初创企业大大吸引了风投公司注意，获得投资金额同比增加了51%，达到了108亿美元。

从投资数量来看，最活跃的企业风险投资公司位列前五名的，竟然有两家是中国企业，即百度风投和君联资本。不仅如此，百度还是AI领域最活跃的企业风投公司，完成了13起风投事件。实际上百度近年来正在不断调整定位，期望从搜索引擎发展成为一家全面技术的互联网公司，充分涉足人工智能、大数据、云计算等领域。

除了人工智能之外，企业风投的投资重点还涉及互联网、移动端、网络安全和智慧医疗等领域。随着智慧医疗在亚洲的稳步上升，百度风投还在2018年投资了6家智慧医疗初创公司。

2017年，一批投资机构成为了中国互联网的伯乐，他们有的早在天使轮就投中了初创公司，有的在成熟期助推千里马长成为独角兽。这些投资机构捕捉到的独角兽，不仅使企业得到快速成长，也为自身今后的回报奠定了基础，更让资本市场看到了互联网风头的潜力。

位居第一的红杉资本坐拥13家独角兽企业，而且大多是在天使轮、A轮或B轮，其中交通领域投资眼光长远，可以说未来可期。紧随其后的腾讯全年投资事件超过120起，投资活动非常活跃。第三名的启明创投可以说眼光精准，在2017年就看中了人工智能领域的旷视科技，比前两名投资共享单车的更具慧眼。第四名阿里巴巴同时投了商汤科技和旷视科技，另外还注意到了做AI芯片的寒武纪，可以说投资贵精不贵多了。第五名创新工场同样投了旷视科技，可见各家都在布局人工智能领域。

这一年投资热，实际上反映了投资人的焦虑，“除了充电宝和人工智能还能投点什么”。资本既怕错过机会，又担心踩到雷区。从此之后，中国风投冷静了下来，走出了焦虑，越专业的投资人或者投资机构越能发现和抢到更优秀的项目，投出更多的独角兽，获得更丰厚的资本回报，从而更容易募集到资金。

2018年，仍然有大量资本聚集，投入互联网行业。对AI和机器人技术行业来说，这一年是非比寻常的一年。其中，最受资本青睐的领域包括自动驾驶汽车、图像识别、视频识别、物流自动化等。有几家中国科技公司强势上榜，不仅在自己的领域崭露头角，快速成长为独角兽，还受到资本的青睐，一举获得丰厚投资。

旷视科技Face++成立于2008年年中，隶属于阿里巴巴集团，是一家纯自主研发的创新领域初创公司，公司主攻人脸识别、人体识别、文字识别、物体识别等产品。2018年7月，旷视科技Face++获得阿里巴巴旗下博裕资本的D轮6亿美元融资。

商汤科技和旷视科技属同一领域，是专注于计算机视觉和深度学习的纯人工智能公司。2018年，商汤的估值超过60亿美元，从而筹集到22亿美元的融资，同年9月，商汤完成了软银10亿美元的D轮融资。

极链科技Video++成立于2014年，是一家以人工智能为核心、专注于新文娱领域的AI科技型公司。极链独立研发的文娱人工智能视频与视频互动操作系统已投入商用。2018年获得阿里巴巴、优必选科技、天狼星资本、新华文轩、文轩资本等多家投资。

热火朝天的投资热在2018年受到了遏制。一位投资人不得不在这一年关闭了投资公司。几年前，他们短短两个月就能筹到4500万美元用于风投，但是到了2018年，他和合作伙伴走遍了全国，拜访了90位投资人，才为第二个风投基金筹到300万美元。一开始他们获得融资很容易，投资也不够谨慎，公司在电商、互联网、生物科技和农业等领域投资了17个项目，其中只有一个项目发展得不错，其他都赔了。

过去三年间，受政策影响，出现了一股技术淘金潮，大量资本涌入科技行业，见什么项目都想投。但是现在，很多风投基金都被市场淘汰，市场的投资热情退潮了。“所有行业、机构、个人都缺钱。”一位投资者说。

风险投资只占中国经济的一小部分，与其他许多国家的同行相比，它还属于新兴事物，仍在以很快的速度增长。但行业变得筹钱难，也反映出一些问题，国家正在打压提供大量风险投资的高风险、非正式资金，让国内经济环境更稳定、更有秩序。

竞逐 5G 未来

没有一个国家愿意拱手让出未来十五年高达12.3万亿美元的全球5G市场。硝烟四起的5G战场上，以中国、美国、韩国、欧洲为首的四大阵营竞争已达到白热化，随着5G标准、测试、实际部署的日益完善，竞争已趋于“短兵相接”的境地。

谈到中美5G实力的竞争，技术本身的“硬核”对比毫无疑问是重中之重，正所谓“根基不稳，大厦不牢”。技术本身的构成也是多维度、多视角的。5G的“硬核”涵盖了无线电频谱（无线信道）、核心专利和5G芯片。中美的频谱资源分配上，一个是以政府主导为主，另一个是纯市场化竞争方式，抛开方式的合理性不谈，单从效果和效率上看并无明显的孰优孰劣。核心专利的争夺毫无疑问是这场“军备竞赛”中的必争之地，也是一场“加一减一”的游戏。从专利的贡献方来看，通信设备制造商、芯片制造商、通信运营商均在其列。

当中美两国正在为“301调查”在各个场合唇枪舌剑时，5G作为话题浮上水面来源于中兴通讯遭到的天价制裁。在此之后，美国以贸易争端明面上施压中国，潜在的目标剑指中国科技发展。美国情报部门告诫美国人不要购买华为制造的智能手机、中兴通讯被禁止使用美国公司生产的零部件，直到华为首席财务官孟晚舟的被捕，彻底点燃了民族情绪。

美国善于制造贸易摩擦，用“301”的大棒反复试压。在过去长达三十年的美日贸易战里，这套杀威棒屡试不爽。1945后，日本大量引进美国技术并加以改良而生产的产品更具有生产力，在汽车、家电、相机等领域占有了更高的市场份额。知识产权争端就成为急剧杀伤性的武器。由于日本缺乏核心的技术竞争力，在贸易摩擦中节节败退。同时，日本痛定思疼，大量投入新技术与产品的研发。历史的不相似之处在于，中美贸易战打响的这一刻，美国无法采用“301”打击中国的5G技术。因为华为等企业已经是世界领先的通信设备供应商；更重要的是，他们拥有全套5G技术。中美两国已经意识到，5G的争端已成为贸易战甚至大国博弈的胜负手。

在新核心网领域，华为以拥有77%的专利技术占据绝对优势。当然这也不能说华为就胜出了，美国高通虽专利数量上无明显优势，但在5G基带和控制上握有众多必要专利，其在5G手机市场，可收取价格高昂的专利费用。

在技术硬核的道路上，中美差距其实不大，我们也不能因为5G通信标准花落中国这样的事情而骄傲自满，从而放慢努力的脚步。中国想要在5G时代有能力、有底气，更应该以研发形成的硬核能力去引领时代发展。

在5G时代，中美高科技公司同样面临时代带来的机遇和挑战——机遇在于它们可以通过高速低延迟的底层网络，结合业务爆点实现体量指数级的增长；挑战在于后起之秀可能以它们曾经超越对手更快的发展速度超过自己。

在移动互联高速助推下的过去十年间，中国互联网渗透率飞速提升，人口红利爆发，结合4G时代的智能手机普及，实现了移动互联网的爆炸式繁荣，并迅速实现全球化扩张。在4G时代，由于海量数据大爆发，基础算力得到有效保障，中国大量互联网企业实现了数据驱动的量化运营，其在资本市场的市值也飞速提升。最典型的就是数据驱动的阿里巴巴和社交多元化的腾讯。

在智能金融领域，5G技术可结合移动支付，实现金融科技服务“近乎无延时”，实现极致化的用户体验。凭借4G时代积累下来的移动支付客户群体，中国5G时代的智能金融发展将会更为迅速，收获也更为丰富。

在智能医疗方面，中国具备天然的人口资源优势，也就是庞大的患者群体，这个优势可帮助5G技术在医疗领域快速落地应用。由于需求的源源不断，可快速形成闭环效应。实际上中美在5G医疗领域的实战练兵中，中国已占据先机，5G远程医疗医院已落地，远程会诊、远程B超、远程动物手术实验纷纷落地。未来医疗行业在中国将更多受益于

5G无处不在的覆盖率和低时延的高效率。

从5G城市智能化角度来看，5G技术的涉及范围最广、影响力最大，以城市监控设备为例，5G结合人工智能和边缘计算能力，可在工业、交通、公共安防方面全面升级现有监控产品及其软硬件设备，如传感器、芯片、控制系统等。虽然中国在城市信息化程度整体上不如美国东西海岸的现代化城市群，但近年来持续增长的城镇化比例和城市群概念的兴起，都将伴随5G技术的井喷式效应，产生中国式的5G城市化学反应。

近期，中国强化粤港澳大湾区概念，正式由国家发改委主导推出粤港澳大湾区规划，未来也将有望基于5G技术作为底层基础设施保障，以海量数据为驱动，推动大湾区打造国际化数据中心和跨境数据试验区，最终实现智能城市群的构建。

当然中国也并不是占据了绝对的优势。5G网络和技术的落地及对产业的重塑还需要依赖与人工智能、大数据、云计算、边缘计算、AR/VR、物联网等基础技术进行的融合，并打通与智能监控设备、车联网、远程控制设备等通用技术或模块。这样才能形成通用化或垂直化的行业场景解决方案。

开放竞争、共赢共生始终是良性的竞争形态。中美在5G未来的竞争中，若是公开透明的，那无疑是对双方有益的促进，可形成交替领跑式的“螺旋式簇拥”上升和演进；但若竞争演变为恶意围堵或者对各国企业的封锁，那很可能是对整个产业的破坏和打击。

未来的技术竞争将会是技术集群的竞争。5G技术与场景和其他技术的结合方可以实现5G的智能应用，而结合行业Know-How才能实现全产业的5G智能。参考其他高科技技术的成长路径，我们猜测，中美竞争的路径都会经历从5G技术的完善，到技术落地部署，实现具备区位或者场景的试点，然后落到特定场景下应用产品的推出，最后逐步开始影响行业和产业链上下游的过程。

5G的竞争背后也是制度的竞争。这种制度包括了硬性规范和柔性惯例所形成的全套制度体系。在明确的制度预期之下，5G技术研发、场景落地等才会有明确的激励，才会更有利于5G的整体发展。以5G无线电频谱分配为例，在行业的初创期，尤其在5G这种天然带有大国博弈色彩的行业中，资源的聚集合理分配是首先需先考虑的内容。

对于中国5G产业的领军企业来说，2018 ~ 2019年的时光带给他们超出以往的曝光，他们被无数次地放置在聚光灯下。这也标志着5G的脚步逐渐地加快。在国内，基站与终端、应用齐头并进。而在国外，即使面对打压我们也依然相信，中国5G网络也能获得应有的商业尊重，而且会以中国的“和为贵”的标准影响全球。

第五章

Chapter5

5G 中国的现在与未来

5G 发展的国家战略

在我国经济发展进入新常态的形势下，政府敏锐地认识到充分发挥宽带网络作为基础设施的重要性。从2018年火到2019年的5G商用，政府早在三年前就开始谋篇布局了，正是因为有政府在国家发展进程中担当总工程师的角色，才有了如今5G概念的火爆。

2015年，政府相继印发了一系列文件，预示着信息技术、制造业等行业将迎来一轮高速发展。国务院办公厅印发了《关于加快高速宽带网络建设推进网络提速降费的指导意见》（以下简称《指导意见》），向各地各级政府和通信业提出了加快建设高速宽带网络，推进网络提速降费的要求。不得不说，加快网络建设，不仅响应了当时人民群众的热切需求，更是为5G时代的来临，提前进行的谋划和布局。发展5G，有利于壮大信息消费，拉动有效投资，促进工业化、信息化、新型城镇化和农业现代化同步发展，是一项切切实实的惠民政策。

《指导意见》最直观的就是提出了“提网速，降网费”，围绕这一核心要求对网络建设的实施指明了方向，也提出了一些项目计划。

首先是提网速。要实现网速的提升，可不是一个部门、一家通信运营商就能实现的，而是要多措并举、综合施策、持之以恒地予以推进，是一项系统性的工程。《指导意见》中给出了具体措施：

一是加快推进全光纤网络城市和4G网络建设；

二是建设高速大容量光通信传输系统；

三是优化互联网骨干网络结构，大幅增加网间互联带宽；

四是加大中央预算内投资，加快互联网国际出入口带宽扩容；

五是加快推动内容分发网络发展；

六是提升网站服务能力；

七是深入推进电信基础设施共建共享，全力保障4G网络建设进度。

具体到阶段性目标完成，截至2017年年底，全国所有设区市城区和大部分非设区市城区家庭具备100Mbps光纤接入能力；直辖市、省会城市等主要城市宽带用户平均接入速率超过30Mbps，基本达到2015年发达国家平均水平；其他设区市城区和非设区市城区宽带用户平均接入速率达到20Mbps；80%以上的行政村实现光纤到村，农村宽带家庭普及率大幅提升；4G网络全面覆盖城市和农村，移动宽带人口普及率接近中等发达国家水平。

其次是降网费。网络资费调整受多方面因素影响，需要政府发挥引导推动作用，让电信服务企业充分发挥市场主体作用。对此，《指导意见》从政府和企业两个层面提出了措施。

政府层面，要简政放权，有序开放电信市场，通过市场竞争促进服务水平的提升和资费水平的下降。

企业层面，则鼓励电信企业积极承担社会责任，通过加强技术创新、提高运营效率、增强服务能力等方面入手，实现网络资费合理下降，让利于民。加快网络基础建设，让更多的用户使用，才能分摊成本，起到降低资费的作用。到2018年，宽带网络投资持续保持较高规模，年投资在4000亿元左右。

从政府层面展开来说，就是地方各级政府要落实《指导意见》的内容，在研究和制定地方政策时，都要着力于营造良好的宽带建设发展政策环境，通过出台地方性法规政策等多种举措解决宽带网络建设发展中的问题。同时，从长远来看，宽带基础设施水平的提升也将大大推动当地社会经济的发展。

地方政府要帮助企业解决进场难、进场贵等问题，对网络的建设成本等难题发挥积极作用，确保网络质量。具体就是要求地方政府做到以下三个方面：

一是对基础电信企业在融资、用电、选址、征地、小区进入等各方面给予支持。

二是全面保障宽带网络建设通行。包括要在各类地方规划中同步安排通信光缆、管道、基站、机房等基础网络设施；公共设施应向宽带网络设施建设开放，禁止巧立名目收取不合理费用；要探索通过地方性法规保障宽带网络建设通行权等。

三是规范通信建设行为。包括严格执行光纤到户的国家标准，支持现有住宅小区光纤改造，对因征地拆迁、城乡建设等造成的宽带网络设施迁移或毁损，严格按照有关标准予以补偿等。

继提速降费之后，2015年5月国务院印发了《中国制造2025》，将打造制造强国列为目标。文件瞄准了信息技术、高端装备、新材料、生物医药等战略重点，其中当然不乏对5G技术及相关产业的规划。以期使我国在2025年从工业大国转型为工业强国。《中国制造2025》中涉及5G规划的主要有以下三个方面：

一是新一代信息技术产业。全面突破第五代移动通信技术、核心路由交换技术、超高速大容量智能光传输技术、“未来网络”核心技术和体系架构，积极推动量子计算、神经网络等发展。研发高端服务器、大容量存储、新型路由交换、新型智能终端、新一代基站、网络安全等设备，推进大数据和云计算发展，推动核心信息通信设备体系化发展与规模化应用。突破智能设计与仿真及其工具、制造物联与服务、工业大数据处理等高端工业软件核心技术，开发自主可控的高端工业平台软件和重点领域应用软件，完成物联网的搭建，实现智能工厂。

二是新型汽车。掌握汽车低碳化、信息化、智能化核心技术，提升动力电池、驱动电机、高效内燃机等新能源技术，研发智能控制等核心技术的工程化和产业化能力，形成从关键零部件到整车的完整工业体系和创新体系，推动自主品牌节能与新能源汽车同国际先进水平接轨，为车联网奠定基础。

三是生物医药及高性能医疗器械。提高医疗器械的创新能力和产业化水平，重点发展影像设备、医用机器人等高性能诊疗设备，全降解血管支架等高值医用耗材，可穿戴、远程诊疗等移动医疗产品。实现生物3D打印、诱导多能干细胞等新技术的突破和应用，使5G与医疗相结合，实现智慧医疗。

这一次工业化和信息化的深度融合，将使我国制造业摆脱低端加工，向着网络化、智能化发展。信息技术向制造业的全面嵌入，将颠覆传统的生产流程、生产模式和管理方式。生产制造过程与业务管理系统的深度集成，将实现对生产要素高度灵活地配置，实现大规模定制化生产。这一切都将有力地推动传统制造业加快转型升级的步伐。

2015年的第三个大动作是部署实施“互联网+”行动。2015年，《政府工作报告》中首次提出了“互联网+行动计划”，提出推动移动互联网、云计算、大数据、物联网等信息技术与现代制造业结合，促进电子商务、工业互联网和互联网金融（ITFIN）健康发展，引导互联网企业拓展国际市场。“互联网+”是互联网思维的进一步实践成果，推动经济形态不断发生演变，从而带动社会经济实体的生命力，为改革、创新、发展提供广阔的网络平台。

“互联网+”有以下六大特征：

一是跨界融合。互联网和传统行业的结合本身就是一种跨界，是一种变革和开放。传统行业与互联网相结合，可以帮助其吸收全新的理念，务实创新基础，实现融合协同，展现群体智能的优势，将研发到产业化的路径变得更垂直。融合本身也指代身份的融合，客户消费转化为投资，伙伴参与创新等，不一而足。

二是创新驱动。我们所处的21世纪，经济形态可以解读为信息经济、数字经济，甚至有人说创客经济、连接经济来了。这一方面说明时代处于动态的变化中；另一方面则表明这些因素在这个特定阶段越发表现出其重要性和主导性。这正是互联网的特质，用所谓的互联网思维来求变、自我革命，也更能发挥创新的力量。

三是重塑结构。信息革命、全球化、互联网业已打破了原有的社会结构、经济结构、地缘结构、文化结构。权力、议事规则、话语权不断在发生变化。“互联网+政府”、新的政务系统会有大的不同。

四是尊重人性。人性的光辉是推动科技进步、经济增长、社会进步、文化繁荣的最根本的力量。互联网的力量之强大最根本的是来源于对人性最大限度的尊重、对用户体验的敬畏、对人的创造性发挥的重视。例如，UGC、卷入式营销、分享经济等。

五是开放生态。关于“互联网+”，生态是非常重要的特征，而生态的本身就是开放的。我们推进“互联网+”，其中一个重要的方向就是要把过去制约创新的环节化解掉，把孤岛式创新连接起来，让研发由人性决定的市场驱动，让创业者有机会实现价值。

六是连接一切。马化腾说："'互联网+'正在进入'下半场'，流量红利进入尾声，爆炸性的用户增长放缓，市场机会正在向产业互联网转移。"这表明互联网未来对社会和企业带来的影响将是巨大而彻底的。理解"互联网+"，一定要把握它和"连接"之间的关系。连接是有层次的，可连接性是有差异的，连接的价值是相差很大的，但连接一切是"互联网+"的目标。

"互联网+"行动实施四年来，可谓是成绩斐然，从理念普及到落地应用，取得了显著的成效。人们已经接受了"互联网+"的观念，认知水平实现新飞跃。据统计，自2015年以来，我国各政府部门相继部署了180项重点任务，着力营造有利于"互联网+"发展的良好政策环境。各地方启动了363项重点行动，推动"互联网+"展开落地。在全新发展理念指导下，不论是省会直辖市，还是城乡村镇，从智慧工厂到街边小店，从研发生产到生活消费，"互联网+"已经渗透到经济社会的方方面面，以"互联网+"推进创新发展和变革转型，已经成为大家普遍共识和共同的行动。

在各方面的共同努力下，"互联网+"的基础支撑实现全面提升，各地政府促进和推动实施"宽带中国"战略，建成了全球最大的4G通信网络，光纤接入用户占比稳居世界第一，为布局5G技术预先打下了坚实的基础。

"互联网+"融合产业创新实现新飞跃，推动互联网创新成果与经济社会各个领域的深度融合，已经成为我国开辟新增长动力的重要途径。通过“互联网+传统产业”实现了多方位全链条优化升级，新的增长效能不断释放，新型业态蓬勃发展，网络零售、移动支付新模式日益活跃。新的经济增长点持续涌现，流量入口、云计算互联网平台资源成为创新创业的重要力量，掀起了新一轮创新创业热潮，成为带动经济促进就业的重要力量。

2018年，国务院印发了《关于深化制造业与互联网融合发展的指导意见》，部署深化制造业与互联网融合发展，在已有的成绩上，更进一步促进“中国制造2025”和“互联网+”行动协同推进。积极培育新模式新业态，推进“中国制造”提质增效。

5G 发展的政府定位

当下，我们迎来了世界新一轮科技革命和产业变革同我国转变发展方式的历史性交汇期，如何在这股浪潮中扛稳站牢，同时推进制造强国和网络强国的建设，带动制造业转型升级、通信业快速发展是政府要思考的事情。

在国内，市场准入方面也存在一定程度的壁垒。许多行业搞圈子文化，隐性排外，导致一些创新型的民营企业和中小企业难以入场。“缺位”则体现在制造业节能环保、安全生产等系列需要政府发挥监管职能的领域。针对这些问题，则需要“营造公平竞争的市场环境”这一原则发挥效力，让各类企业在市场规律下发展。

在加快5G发展的进程中，大型设备制造商、通信服务商有着完善的管理体系、雄厚的资金和技术支持，其不仅不怕在科技革命的浪潮中沉浮，甚至可以引领潮流、乘风破浪。中小企业虽然不具备这样的实力和规模，但是拥有源源不断的创新力和技术手段，还占据着绝对的数量优势，是产业转型和跃升的微观基础，是整场科技革命不可或缺的要素。中小企业能顺应时代潮流，向5G靠拢，积极实现数字化、网络化、智能化转型，政府要提供有效的指导，帮助其完成转型，因为中小企业才是行业和市场的汪洋大海，是需要政府真正下力气引导和大力扶持的对象。

推动产业转型和升级，地方政府的积极性应该落实到中小企业，动员和组织产业要素、激发产业活力。首先，要适度放开对生产要素和资源的控制，让企业可按需调动相应资源，形成良性的产业生态；其次，要退回到应有的位置，不对具体企业的市场行为进行干预，而是参与到区域产业组织中去。总之，地方政府要认识到自身是产业转型和升级不可或缺的强大动力，但同时也要避免“一言堂”现象的出现，更好地参与到产业组织、产业治理乃至产业组织新生态中去。

以往，为了更快地发展经济，地方政府更倾向于用资源吸引一批大企业，期望大资本、大项目能直接落户本地，通过地区间招商引资，不断扩大区域经济增量。现在，地方政府应当转变观念，为中小企业建立并营造良好的政策体系，引导并培育区域性中小企业产业组织新生态，并不断优化和提升服务水平，发挥地方政府的服务职能。在“京津冀”“长三角”“珠三角”等工业较发达地区，中小企业则有待转型，地方政府就可以通过培育产业组织新生态，来逐步实现网络化、智能化、数字化转型。打造此次科技革命和产业变革中的样板企业，向更多的区域推广，从而进一步推动中国数字化发展。

我国政府之所以要提倡“中国制造”，是要抓住科技革命给制造业带来生产效率和生产方式变革的机遇，为产业升级和国家经济实现跨越式发展提供助推力。放眼国际，全球制造业正快速实现智能化、数字化，技术赋能产业的效力越来越明显。我国虽然在数字化新技术的研发上成果卓著，但统观全国，依然存在区域资源分布不均、各区域产业同构严重、缺乏完善的智造生态、高端人才缺口等问题。在智能智造领域，各地政府要发挥自身的指导作用，帮助制造业转型升级，对标先进国家和企业。

首先，面对技术制约问题。能否掌握核心技术是智能制造的前提条件，有了核心技术，产品就有了自主知识产权。没有核心技术壁垒，制造业就仍然处于被动的地位。要攻破这一难题，建议各级政府设立专项扶持项目，开展重大科技项目攻关，引进有技术的企业、院校具体实施。

其次，解决产业同构困局。智能制造需要创新和特色，必须规避产业同构，从而减少重复建设，避免资源浪费。要实现这个目的，政府要统筹规划，发挥专项资金的引导作用，加速建立创新协同机制，同时综合各区域智能制造水平，发挥领先企业特色和优势，培养区域特色产业集群。

再次，构建完善的智能制造生态系统。智能制造的推动，离不开良好的产业生态环境，各地政府要协助做好公共平台的搭建，协调产业链各环节，合理调配区域内优势资源。

最后，建立完整的人才梯队。人才是智能制造的首要资源和核心要素。除了企业建立完善的人才引进、培养机制外，政府也可以在人才落户上给予一定的优惠政策，引进人才，才能有效提升产业发展的软实力。

政府搭好台，企业唱好戏

以往，地方政府通常重点培养大型龙头企业，期望大企业带动周边中小企业，从而发挥产业集群优势。然而随着信息技术的普及应用，更富有活力的中小企业群体开始成长为区域产业组织创新的主要力量。那么，政府应该搭建怎样的公共服务平台呢?

一是具有开放性的公共技术和科技服务平台，在这里有经过整合的区域内外各类科技信息和资源。既能提供公共标准、检验、测试、实验、专利事务等科技服务，又能促进区域内中小企业交流对接。

二是平台上有产业网和供应链，能够快捷高效地在平台上协调资源，打破隐性壁垒，使中小企业快速融入制造网络和供应链。平台还可以通过各种活动，促进中小企业间的交流，让新技术、好经验在企业间的转移和融合成为可能。

三是平台上会推广企业的产品和服务，除展览展示外，可以完成应用场景示范、路演对接、品牌推广、渠道建设、新媒体运用、经验交流等服务。

四是通过减免财税，增加地方政府补贴等形式适当补贴企业，减轻企业研发成本的压力。

五是具备专业技能教学，培训专业人才等人力资源功能。

正所谓“政府搭台，企业唱戏”企业该如何把戏唱好呢?

以江苏省的物联网产业为例，该项目整合了省内的优势资源，围绕物联网打造了一个产业平台，到2016年，仅无锡市的物联网企业就已接近2000家，全年全省实现了4610亿元的营业收入。在这一年里，首届世界物联网博览会在无锡召开，20多个国家和地区的2000多名专业人士齐聚一堂，交流物联网的专业信息、动向及发展前景。当地与华为、浪潮科技等企业合作，中电海康的第二总部基地、阿里集团“双创中心”等一批重大项目也纷纷落户无锡。瑞士、德国、澳大利亚等国还特地派相关人士进行考察，了解物联网产业发展状况，寻求合作机会。

而要说最能展示江苏省物联网发展成果的，并不是各项数据，而是几座物联网特色小镇——鸿山物联网小镇、雪浪小镇和慧海湾物联网小镇。这里称得上是物联网的大型体验基地。无锡市在小镇内部署了千兆网络，让游客切实体验到物联网的魅力。

2017年，中电海康和无锡市政府签订了战略合作协议，在高新区启动建设慧海湾物联网小镇。双方携手，将整合区域资源，汇聚人才，集聚物联网相关企业，共同打造一个完善的物联网产业链体系。有了这一平台，无锡市政府可以促成企业与当地研究院开展合作，以产业基金撬动电子信息、物联网、集成电路、智能传感等领域的研发，并支持相关专业的创业企业获得资本投资。

安徽铜陵，当地政府积极响应中央政府的号召，在论证了众多新能源汽车项目之后拍了板，引入了一家汽车研发制造企业，批准建设汽车产业基地。这不仅是给企业搭了台，还为当地居民创造了新的就业机会，拉动消费，产生更高的GDP，可谓是一举多得。

奇点汽车不仅研发和生产新能源汽车，还在不断探索智能驾驶、无人驾驶领域。2016年奇点汽车的发布会上，铜陵市委市政府多位领导亲自出席了活动，可见当地政府对奇点的重视和认可。

提起为什么选择落户铜陵，奇点CEO说出了制造新能源汽车的困难。他说，电动汽车和传统燃油车的生产线差异还是很大的，如果选择交给整车厂商去制造，利用他们的生产线，奇点就要做出很多让步，在设计上妥协，甚至牺牲一部分消费者的利益，这是奇点不能接受的。然而自建工厂，土地和投资又是巨大的投入，即便奇点有这样的融资能力，但是申请批地、建厂还需要走一套非常烦琐的行政流程。

2015年，铜陵市政府紧跟“中国制造2025”，发布了《铜陵市人民政府办公室关于鼓励发展新能源汽车产业的实施意见》。意见中提出，为符合条件的新能源汽车企业提供关键政策支持。于是这一次，奇点收到了铜陵市政府抛出的橄榄枝，为奇点汽车审批了1000亩土地，提供融资担保，再给予现金奖励。而且为了稳住这只“金凤凰”，铜陵市政府还简化、加快了审批手续。政府办事效率高，也是奇点汽车考虑落户的原因之一。最终，奇点汽车在当地建成了年产能20万辆，总投资80亿元人民币，配套有新材料研发制造中心、智能系统生产中心、智能驾驶测试基地、无人驾驶体验基地等设施的汽车产业基地。

除了物联网特色小镇和汽车产业基地外，各地普遍在兴建机器人产业园。人工智能机器人可以广泛应用在制造、物流等行业，创新性地融入智慧工厂、无人仓、物联网，成为近两年的一股热潮。中国已连续两年成为全世界机器人最大消费国。根据国际机器人联合会（IFR）发布的数据测算，到2022年，中国工业领域对机器人的需求总量将达38万台。富士康现有的机器人生产线年产量可达1万台。由此可见，未来制造业不断上升的需求量具有怎样的吸引力。

各地政府面对这样的市场，纷纷出台政策筹建和规划工业机器人产业基地，吸引企业投资落户，准备抢占先机。截至2018年年初，全国共有65个机器人产业园在建或已建成，我国东部地区的多个省份更是有多个产业园落地。更有的工业城市期望借此机会成功转型，赶上工业4.0的浪潮。

从布局上来看，机器人产业园主要分布在东北老工业基地、京津冀、长三角，以及珠三角地区。

东北地区目前的产量占到国产工业机器人三分之一的市场份额，有效地提升了区域内的制造业。京津冀地区机器人产业具有技术优势，不仅拥有工业机器人自动化生产线，还拥有机器人集成应用产品。长三角和珠三角地区则聚集了大量的机器人自动化公司。

不垄断技术，只做技术创新的服务者

在发展5G技术，实施中国制造和“互联网+”行动上，各地政府转变观念，更新管理，以“店小二”的姿态，以土地优惠、税收优惠、人才优待、专项资金扶持等政策措施推动各个产业发展。

国家发展改革委副主任林念修说：“可以说谁掌握了未来互联网的技术、量子计算技术和人工智能技术，谁就掌握了未来发展的主动权。”以人工智能行业的发展来看政府对行业发展起到的作用。继“中国制造2025”和“互联网+”之后，政府首次提到了人工智能，预示着这一领域将迎来全新的发展机遇。2017年，《政府工作报告》中出现了关于“人工智能”的描述，同年国务院印发了《新一代人工智能发展规划》，并提出到2030年，中国要在这一领域成为世界第一。

人工智能乍一听比较科幻，但它实际上就是一类技术的统称。作为最具颠覆性和变革性的技术，人工智能会不断渗透进社会生产生活的各个方面，对国家的政治、经济带来潜移默化的影响。在我国，发展人工智能首要就是与中国制造、“互联网+”结合，三者布局联动，为5G时代实现万物智联奠定基础。

除了促进产业融合发展外，人工智能还有着现实意义，这也是当前各国比较关注的点，即推动产业前进，实现经济增长。在4G时代，移动互联网依托人口红利高速发展，而互联网的发展也推动了国家积极增长，但随着网络的普及，人口红利已经逐渐消失，科技产业必须找到新的利益增长点，推动经济持续增长。

通过提前布局、多年经营，中国在相关领域的科技论文发表量和发明专利授权量已居世界第二。早在2015年谷歌开始开发机器学习之前，百度就已于2010年开始了中文处理和机器学习的研发。一批像百度一样的头部企业顺势而上，中小企业加速成长，国内的人工智能研究领域呈现出无限的创新力与活力，这种研发能力和发展速度获得了国际瞩目。当下，我国的语音识别、视觉识别技术处于世界领先地位，而应用了自适应自主学习技术的无人驾驶车辆，也接入物联网进行测试。围绕着这一高速发展的领域，政府和企业则需各司其职，推进在人工智能领域的研究，实现中国的弯道超车。

2017年7月，国务院印发了《新一代人工智能发展规划》(以下简称《发展规划》)，旨在推动企业智能化升级，促进产业智能化升级，给予人工智能新兴企业发展契机。《发展规划》制定的阶段性目标是到2020年，人工智能总体技术和应用处于世界先进水平，人工智能产业成为新的重要经济增长点，人工智能技术应用对改善民生发挥助力，成为创新型国家行列和实现全面建成小康社会的奋斗目标。

为了进一步落实发展规划，实现最终目标，科技部还建立了“科技创新2030”，将重点放在开发颠覆性技术的同时，还要重点考虑到有利于国家经济和社会的长足发展。

近年来，各级政府发布了一系列人工智能的政策，为中国人工智能的发展创造了良好的环境。政府能够充分发挥引导作用，可以让更多科技企业和科技人才看到政府的决心和人工智能的发展机会。在平台的搭建上，只有政府发挥职能，出面整合，才能将科研院所和企业聚到一起，共同研讨人工智能的技术问题，甚至兴建新技术应用示范区，推动理论与技术相结合，促进人工智能更好、更快发展。各大互联网企业更是趁着这拨利好，纷纷加码布局人工智能。

政府还与各大AI科技公司达成了合作，2017年科技部公布的首批国家新一代人工智能开放创新平台名单中，百度、阿里云、腾讯和科大讯飞4家企业赫然在列。

政府达成了与百度研究自动驾驶，打造智慧交通。2017百度世界大会上，百度发布了全球首款人车AI交互系统，该系统可实现人车对话，语音识别准确率达到97%，通过错误率0.23%的人脸识别可进行疲劳监测，还有28种机器翻译后台、AR导航等“黑科技”，让出行更加简单安全。《财富》杂志更是将百度评为全球人工智能企业四强之一。

我国政府与阿里巴巴合作了研发城市大脑项目，应用在零售业，并向更多领域扩展，共同打造智慧城市。

腾讯成立了人工智能实验室，加大人工智能研发投入。研究室的主要研究方向是医疗影像和智能语音研究，主打智慧医疗方向。围绕这些领域，三家企业已取得了不俗的成绩，在相关领域正奋力追赶世界领先水平。

除了这些人们耳熟能详的大企业外，中国的人工智能创业公司也在各自的领域里厚积薄发、崭露头角，他们在业界的口碑极高，可以称得上是最有价值的创业公司。在计算机视觉领域，有旷视科技Face++、商汤科技、极链科技Video++踏实做事；在自然语言处理技术方面，有科大讯飞、云之声一马当先，完成了最开始的创新创业之后，如今正在各自的领域内逐步实现商用场景化落地。他们的探索与坚持不仅收获了成绩，还成为中国人工智能生态系统的一分子，为行业的蓬勃发展贡献力量。

“互联网＋政府”

在5G技术的浪潮中，不仅企业、用户获益，作为总工程师、总指挥的政府部门，也感受到了5G带来的便利。

以往在各地政府机关的办事大厅，前来办事的人员都要围着咨询台提问、要表、问路，不仅降低了办事效率，还让整个办事流程显得混乱。体验差、效率低，成了政府机关办事难的缺陷。然而随着人工智能、大数据、云计算、物联网、5G通信等一系列技术的研发和落地，一种全新的办事模式进入了公众视线。当人们再次走进办事大厅，能看到憨态可掬的政务机器人往来穿梭，它们既不会撞到人，也不会口干舌燥，还节省了人力。这就是政府打造智慧政务的成果。

比起银行里的排号机，政务机器人整合了更多、更全面的功能，它可以实现排队取号、小票打印、身份扫描、表单填写，在机器人的讲解下，办事人员5分钟就能填好表格。机器人身上还具备了语音识别技术，人们可以向它提问，进行问题搜索，然后由机器人语音播报出来。除此之外，在政务机器人这里还能输入办事序列号，查询办事进度或结果，为行政服务起到“解压降压”的作用。

一般管委会会开放十几个不同的服务窗口，不熟悉的人第一次来根本找不到具体的办事窗口，问路过程中也极大消耗了办事资源。而政务机器人具备自主导航功能，熟知大厅的每个角落，主动带领大家到达指定位置。

除了这样看得见、摸得着的人工智能应用场景外，“互联网+”的能量不止如此。2019年，河南移动就完成了当地机关单位、业务系统、业务应用的搬迁工作，将海量数据全部存入政务云。

政务云平台运行后，人们再也不用请假跑到各处办事大厅排队，也不用奔波在各部门之间。除了第一次登记申请，之后都可以在电子政务平台动动手指、点点鼠标，简便快捷地完成办事流程。借着“互联网+”的东风，当地的政务服务实现了“一号申请、一窗受理、一网通办”的重大飞跃。

这股政务信息上传云端的潮流被形象地称为“上云”。在国家“互联网+”战略的推进历程中，云计算的核心支撑地位不可撼动，其提升国计民生的能力可谓有目共睹，随着云计算越来越受到泛政府行业的重视，“互联网+政府”模式才得以开启。

政府上云对于稳定性、安全性的要求非常高。云平台必须充分满足先进性、稳定性和安全性等基本诉求。政府进行数据上云，十分看重最后的核心应用，因为内部办公系统和面向百姓提供的对外服务窗口都在云上。

政务云平台的运行，涵盖了人民群众生活的方方面面，如社保、教育、医疗、旅游等，还可以实现省市两级政府数据的共享、对企业和行业大客户提供服务和指导。政务云拥有海量存储、数据传输低时延、数据安全有保障等优势。

人民群众可以足不出户，在手机、电脑上享受众多政务服务，大大提升了政府形象，降低了办事成本。接下来，基于政务云平台，政府还将与企业合作，共同开发“智慧城管”“智慧交通”“平安城市”“应急指挥”等30余项政务服务应用，最终实现政府、企业、群众三方得利的三赢局面。

虹吸效应，将人才抓在手里

2019年，南京市江北区发布了《南京江北新区集成电路人才试验区政策（试行）》。区政府再一次拿出了真金白银来奖励企业和集成电路人才，在此之前，当地还发布过两次相关的人才引进政策。江北区对人才的奖励补贴政策，只是我国众多地方政府吸纳人才行动的一个缩影，各级各地政府在招揽人才方面，都释出了诚意。

以江北区的人才政策为例，主要分成以下四个部分：

一是在发现人才、引进人才方面，可积极发挥校友会、行业协会等社会组织的作用，推荐集成电路领域的高端人才到江北区创业、工作，经认定的人才，最高给予每人4万元的一次性生活补贴。

二是在留住人才、奖励人才方面，对企业新引进年薪收入超过50万元的高端人才，超过应纳所得税额10%的部分将补给用人单位。区政府拿出50亿元专项基金，达到规模的企业的核心团队最高给予1000万元的一次性奖励。

三是在培养人才方面，企业组织员工开展相应技能培训的，按照实际发生费用的50%给予补贴。对于区内企业家到区内高校担任客座教授，或企业聘请教授参与项目的，给予每人每年6万元的奖励。企业设立研究生工作站，引进在校生参与企业集成电路工程实践的，再给企业不同额度的资助。

四是在人员生活配套方面，为集成电路人才提供多种居住形式的补贴，人才可以租住公租房、人才公寓，还可以购买人才住房、商品房。

在5G产业蓬勃发展的同时，5G人才的年收入据说最高可达百万元，然而行业内依然呈现出人才紧缺、找不到人的情况。在各类相关职业中，软件工程师最受欢迎，这是因为与用户联系最紧密的通信领域需要大量此类人才。经分析，5G应用相关的岗位对人才的需求旺盛，具体行业中，互联网、电子通信、机械制造对人才的需求多。而要说排在人才需求量榜单前列的城市，则非北京、深圳、上海莫属。

也就是说，在5G行业高速发展的当下，获得人才的企业就获得了高速发展的能量，而拥有百万人才储备的城市，才能跻身国际大都市的竞争行列，掌握了人才，才能发展得更快。不同城市对人才的吸引点不同，北京的互联网公司聚集，机会众多，而深圳则有电信巨头华为和中兴的总部。

以深圳吸纳人才的举措为例，这里之所以能牢牢吸引住众多高端人才，是因为政府自上而下的一系列人才支持及补贴政策。

早在2010年，深圳政府推出“孔雀计划”，帮助具有海外背景的人才及团队在深圳落户，当中优先扶持的行业包括互联网、生物、新能源、新材料、新一代信息技术、节能环保、航空航天、生命健康、机器人、可穿戴设备、智能装备等新兴产业。入选计划的人才可获得百万元补助，团队项目可获得千万元，甚至一亿元的奖励资金。计划之外，具有海外留学背景人士，如果想在深圳创业，也可以获得政府的专项资金补贴，金额从30万元到100万元不等。

这样的扶持力度绝不是小打小闹，正是因为有了这样的人才引进计划，不仅吸引了相关行业的专业人才、项目团队，就连苹果、日立都想在深圳设立创新中心。

通信时代飞速发展，5G网络的到来也将再次改变世界，引领巨大变化。由于新的网络架构、全新的网络技术、多样性的业务应用、全云化的设备部署，将对网络运维造成极大影响，电信企业为了更好迎接5G技术带来的转变，必须要储备一大批高素质、高科技的人才。企业的竞争归根结底是人才的竞争，人才队伍建设已不可替代地成为制约企业发展、决定企业成败的关键。电信企业亟须储备一大批高素质、高科技的人才，创新留人用人机制，为电信事业发展提供坚强的人力资源保障。

第一，发挥共生效应，坚持“本地培养为主，外来引进为辅”。

人才队伍建设是一个长期积累的过程，必须妥善处理好培养人才与招聘人才这一关系。电信企业要立足各部门的功能定位和行业特点，科学把握各类人才的特征和标准。科学整合人才资源，构建人才高地。统筹好、兼顾好人才招聘和人才培养的关系。从提高人才队伍整体素质出发，加大选送和支持力度，加强与业务相关的高等学校的合作，重点培养一批技术带头人、优秀管理人才和其他专业技术人才。

坚持用人所长，适才适用。善用人才是人力资源开发与管理的一个重要任务，人才用得好，企业才能兴旺发达。用人，要坚持德才兼备、任人所长、适才适用的原则。在选拔和任用人才时，电信企业应注意改革电信企业的用人机制，对于符合要求和满足用人标准的人员，要通过笔试和面试进行考核，选择合适的员工。对于企业中层及以上员工可推行聘任制，适当引入竞争机制，实行空缺岗位公开竞聘，对于在聘任期内达不到绩效目标的给予降职、减薪等处分。

加强企业人才的内部流动。当员工长期处于同一个岗位的时候，难免产生枯燥的感觉，降低工作热情和工作效率，因而可以对员工实行内部流动制度，使他们对新岗位产生新鲜感，激发工作热情和积极性，找到更适合自身的工作岗位。

开展职业生涯规划。通过对企业员工的能力和兴趣评定，选择适合的岗位，有助于帮助员工发挥专长。同时，对人才进行职业生涯规划和设计，并将他们未来的晋升情况与企业战略目标的实现进行有机结合，也可以帮助企业人才实现自身的价值，留住更多人才。

要解放思想、深化改革，不断完善人才人事管理制度，为人才创造公平竞争的环境。明白招聘的人才是人才，现有的人才也是人才，要发挥共生效应，实现人才效能的最大化和最优化。

第二，着眼长远发展，坚持“梯队建设为主，短期见效为辅”。

电信企业人才队伍建设要处理好连续性、阶段性、局部性与整体性的关系。在人才队伍建设上，视野要宽广，既要从人才发展战略的高度对未来人才需求进行预测分析，又要从社会经济发展和地区特色发展的角度制定长远规划。同时，还要根据阶段性的特点，对近期的人才做出科学合理的计划安排。在人才的效率上，既要顾及当前的需要，又要着眼长期的发展，更要避免人才使用和培养上的急功近利和短期行为。

实施人才“充电”工程。人的知识、技术、技能和经验等都不是天生的，具有高素质的人才也有一个知识、经验老化过时的问题，特别是在知识更新极快的通信业，如不及时有效地组织人才“充电”，长此以往，员工就会有江郎才尽之感，导致有些人产生不如换个地方的想法，流动到有学习机会的企业去，即使不走留在企业中，也会因知识老化、信息闭塞而逐渐失去开拓进取的勇气和信心。因此，人才培训是企业人才战略的重要组成部分。有研究显示，把组织使用的激励方式与人才的需要进行比较，发现二者差异最大的是“培训进修学习”，也就是说，“培训进修学习”是人才最需要的。某电信企业对专业技术人员需求方面进行问卷调查显示，广大专业技术人才在工作中越来越重视自己能在工作中获得什么，自己在工作中能否增长知识和经验，自己的能力资本能否升值等问题，这就要求企业有计划、有针对性地组织广大专业技术人员进行相应的培训，使人才在工作中满足自己不断增长知识、能力的需要，体现企业的重视和关心。反之，对企业而言，随着市场竞争的日趋激烈，要想争取到最好的、最有能力的员工，必须注重企业内部人力资源开发，有效地组织开展培训，实现人才所需和企业目标双赢。

完善人才激励机制。电信企业应实行以个人业绩为导向的分配制度。对任何企业来说，杰出的人才都起着举足轻重的作用。为留住有能力的人才，企业应改革收入分配制度，提高管理人员、关键技术岗位、高级营销人员的收入，向这些人才提供较高的薪资待遇。通过制定行之有效的绩效管理制度，实行差别化的薪资政策，实现员工个人收入与工作业绩相挂钩，力求做到以岗定级和以级定薪。根据人才的需求设计相应的激励机制，主要包括职务晋升、涨薪、提供培训和再教育机会、颁发荣誉、给予表扬、提供带薪休假等激励措施，对不同的岗位员工采取不同的重点激励，最大限度地调动员工的工作积极性，减少人才流失。

营造信任、尊重的企业文化氛围。良好的企业文化有助于企业员工之间形成信任的人际交往关系，加强人才的情感交流，增强归属感。心理学指出，人际关系中超过百分之八十的交往障碍来源于沟通不畅，因而，企业应通过建立领导接待、加强上下级定期沟通，营造尊重和关爱的沟通环境，使员工毫无阻隔地实现情感交流。电信企业通过自身的企业文化建设可营造轻松、和谐的企业氛围，使工作环境更为轻松，从而有助于增强员工的团队精神，提高员工对企业的认同感和归属感，从情感上防止人才流失。

第三，价值观念引领，坚持“德才兼备为主，协作创新并重”。

“企业是人的事业，人是企业的灵魂。”随着世界经济的全球化、一体化，建立现代企业制度，已成为企业发展的必由之路。以人为本的管理理念是现代企业制度的基本特征之一。人力资源管理工作必须适应现代企业管理的需要，推行以人为本的人力资源管理工作改革。人本管理就是打破企业把人作为生产工具的传统管理模式，突出人在企业管理中的地位，实施以人为中心的管理。

人才的构成要素主要包括“德、识、才、学、体”五大内容。在人才队伍建设中，必须把“德”和“才”兼备起来。要破除唯“才”是“举”观念，敢于对无德之“才”说“不”。在人才队伍建设时必须坚持“两手抓”，要坚持业务能力素质与职业道德素养同步提高，既要加强各类人才的业务能力建设，也要通过职业道德建设，不断适应业务发展和技术创新的需要，努力使“单位发展、人人有责、人人受益”理念真正成为大家共同的精神气质和价值追求。增强人才的大局意识和团结协作意识，提高为电信事业发展贡献力量的自觉性、主动性和创造性。

统筹协调优势与支撑领域，加快新技术领域人才建设。目前，电信企业的业务领域不断扩展，国内国外竞争激烈，对人才需求的领域不断扩大，导致各领域人才之间发展不平衡。要统筹协调好优势领域与支撑领域、基础领域和新兴领域之间的关系，要根据各领域不同发展阶段的不同特点，实施不同的人才政策。一方面要做好优势领域的高层次人才和带头人的培养与引进工作；另一方面要加快支撑领域、基础领域和新兴领域人才队伍建设步伐，以适应电信企业发展的整体需要。要突出重点，积极推进不同领域人才队伍的和谐发展。

综上所述，电信企业应进一步解放思想，充分认识到人才工作的重要性和紧迫性。把促进人才健康成长，充分发挥人才优势放在首要位置。电信企业各部门要通力协作、形成合力，在人、财、物上给予倾斜，为做好人才工作提供基本保障条件，完善人才考核评价体系，建立人才激励约束机制，优化人才成长发展环境；坚持使用人才的科学性，注重管理人才的严谨性，激发各类人才的创新性；努力形成人人想干事、人人干成事、人人干好事的人才工作生动局面。科学把握人才队伍建设中的辩证关系，加快人才队伍建设步伐，为电信事业发展提供坚强的人力资源保障，电信企业才能在激烈的竞争中掌握主动权，占领发展高地。

智慧城市的阳光

在我国，目前已有超过500个城市开展了相关建设。随着人工智能、云计算、大数据等技术成熟，我国智慧城市发展将逐步向数据共享、万物互联、生态共赢迈进。

《关于促进智慧城市健康发展的指导意见》中强调，智慧城市的建设必须以人为本、务实推进。智慧城市的发展要以“人”为核心，围绕其构建智慧城市生态。预计到2022年，我国智慧城市需求总体规模将超过30000亿元，达到32402亿元。

中国为什么要将建设智慧城市提上日程呢？这是一种国际趋势，更是一个国家整合科技力量、振兴经济能力的具体体现。放眼世界，很多国家早已展开了建设智慧城市的角逐。以美国为例，《白宫智慧城市行动倡议》的关键策略就是智慧交通，借助海量数据与智能交通系统（ITS），制造智能大众运输系统与发展智能停车系统；日本的《2020改革计划》就是要结合再生能源、用电需求管理与储能系统等技术，来发展本地的能源管理系统，打造未来智能小区；韩国《K-ICT2020》计划则着重于智慧教育、智慧交通与智慧医疗，在校园建构1Giga级的宽带联网与多屏幕的教学环境，或发展穿戴式装置的定制化医疗等。在这波科技浪潮中，任何人都是不进则退，虽然不去发展智慧城市不会让国家停下城市化的进程，但是相对于其他国家来说，被远远甩在后面了。

围绕以用户为核心的我国智慧城市生态参与者主要包括管理者、应用开发商、系统集成商、服务运营商、第三方机构。在指导意见的刺激下，国内的智慧城市建设如火如荼，但究竟什么才是智慧城市，智慧城市的建设该如何下手，在智慧城市的众多细分领域中又最应该关注什么？

重点分析了智慧安防、智慧交通、智慧社区三大领域的落地应用情况，还研究了国内部分城市智慧化建设的创新实践。

“城市”这一概念自原始社会末期兴起，经过几千多年的发展与演变，始终围绕人、环境、信息等核心要素展开，逐步完善城市基础设施建设，优化城市内部空间结构。智慧城市作为现代化城市运行和治理的一种新模式与新理念，建立在完备的网络通信基础设施、海量的数据资源、多领域业务流程整合等信息化和数字化建设的基础上，是现代化城市发展进程的必然阶段。

“智慧城市”的参与者主要是政府和企业两大主体，但由于出发点和侧重点不同，目前尚无统一和明确的权威性定义。智慧城市是一种新理念和新模式，基于信息通信技术（ICT），全面感知、分析、整合和处理城市生态系统中的各类信息，实现各系统间的互联互通，以及时对城市运营管理中的各类需求做出智能化响应和决策支持，优化城市资源调度，提升城市运行效率，提高市民生活质量。

智慧城市的网络通信技术（ICT）架构自下而上包含五层，依次为物联感知层、网络通信层、计算存储层、数据与服务融合层、智慧应用层，除基础架构外，还包含建设管理体系、安全保障体系和运维管理体系。

城市发展至今已基本完成了基础设施建设，开始由外部建设向内部治理转变。一方面，随着城镇化进程的加快，交通拥堵、环境污染等城市问题凸显；另一方面，随着人民经济水平的提升，更加宜居、便捷、安全的城市生活成为人们的新追求。同时，在日益成熟的人工智能、大数据、云计算等技术推动下，智慧城市成功驶入城市建设轨道，并在政府的引领和企业的支持下取得快速发展。

自从住房和城乡建设部2012年年底启动首批国家智慧城市试点项目以来，我国智慧城市试点数量持续增加，截至2016年年底该数量已接近600个，其中住房和城乡建设部公布的前三批国家智慧城市试点数量合计达到290个。2017年是我国提出“新型智慧城市”的第二年，全国已有73.68%的地级以上城市启动了新型智慧城市指标数据的填报。

我国的智慧城市试点已基本覆盖全国各个省、市和自治区。已入选我国智慧城市试点的城市和地区大部分分布在黄渤海沿岸和长三角城市群。山东智慧城市试点数目最多，为30个，其次为江苏28个，湖南位列第三，为22个。智慧城市试点东西部仍有较大差异，除澳门、香港、台湾外，智慧城市试点数目最少的地区为西藏，仅有2个。

在政策支持及基础设施完备的基础上，智慧城市的应用场景日益丰富，如智慧安防、智慧交通、智慧社区、智慧商业、智慧旅游、智慧环保、智慧能源等。智慧安防、智慧交通、智慧社区是目前智慧城市发展中需求最高、落地最快、技术与服务相对成熟的三大领域。

一、智慧安防

自2015年起，安防行业逐渐引入AI技术，“智慧安防”一词开始进入大众视野。智慧安防突破传统安防的界限，进一步与IT、电信、建筑、环保、物业等多领域进行融合，围绕安全主题扩大产业内涵，呈现出优势互补、协同发展的“大安防”产业格局。

只有交通便利的城市还不够，让民众安居城市的前提是要先拥有良好的治安环境。美国洛杉矶犯罪预测软件PredPol就是警方采用大数据分析来预测犯罪热点的案例，透过大数据能预测到家庭与家庭之间的关联性问题，以及学校与家庭之间缺席的角色，至今已降低33%的窃盗率、21%的暴力犯罪与12%的财产犯罪。现在有超过150个美国城市，试用PredPol软件预测犯罪热点，并持续推广中。

二、智慧交通

交通是一个城市的核心动脉，也是智慧城市建设的重要组成部分。智慧交通作为一种新的服务体系，是在交通领域充分运用物联网、空间感知、云计算、移动互联网等新一代信息技术，对交通管理、交通运输、公众出行等交通领域全方面及交通建设管理全过程进行管控支撑，使交通系统在区域、城市甚至更大的空间范围具备感知、互联、分析、预测、控制等能力，以充分保障交通安全、发挥交通基础设施效能、提升交通系统运行效率和管理水平，为通畅的公众出行和可持续的经济发展服务。

智慧交通也是智慧城市发展过程中很重要的一环。观察美国全自动停车库的发展案例，厂商Park Plus开发全自动停车库的软硬件解决方案，当车主将车辆驶入停车道时，系统就会运用镭射扫描汽车并辨识车主身份，再透过机器悬板运送车辆到目标车库架上。相较于传统车库，此系统能停放4倍的车辆，节省60%的使用空间，而且每次自动停车只耗费3 ~ 5分钟，省时又省力。除了智慧停车外，智慧车也是近年来重要的趋势，随着越来越多厂商投入开发，未来势必将改变城市面貌。

三、智慧社区

社区是城市的“细胞”，智慧社区作为智慧城市的重要组成部分，是社区管理的一种新模式和新形态，其以社区居民为服务核心，利用物联网、云计算、移动互联网等新一代信息通信技术的集成应用为居民提供安全、高效、舒适、便捷的居住环境，全面满足居民的生活和发展需求。

智慧社区涵盖社区内部和社区周边的各项服务，社区内部主要包括智慧家庭、智慧物业、智慧照明、智慧安防、智慧停车等基础设施服务，社区周边主要包含智慧养老、智慧医疗、智慧教育、智慧零售、智慧金融、智慧家政、智慧能源等民生服务。

随着城市人口的增加，老龄化也是需要解决的重要议题。智慧医疗是智慧城市不可或缺的一环，多年前就出现过自动手术的概念，日本已经出现“远程手术”，将开刀房内信息实境化，运用云端协作的方式完成复杂流程，现在已经导入17家日本医院，预估在2019～2020年，将进行人体开刀手术。在这个逐渐迈入老龄化社会的世界趋势中，Honda智能行走辅助装置，能协助行动不便者，再做出双腿抬起与向前行走的动作，让年长者可借此再获得便利行动的机会，目前已经导入超过50间日本医院、赡养院与美国芝加哥康复研究中心。

经过近十年的发展，智慧城市的建设模式以政府引领并投入大量资金，企业积极参与以提供技术和解决方案支撑为主。看似已成功驶入快车道的智慧城市建设，正面临着如何提升经济效益、保障信息安全、实现跨区跨级的信息共享的三大挑战。

展望未来，注重以人为本的“智慧社会”将成为我国智慧城市建设和发展的未来愿景。同时，随着企业所提供的技术越来越成熟，政府推动和建立统一的数据中心，并制定相关数据开放的法律体系，实现数据的跨部门共享。各领域的数据孤立将被打破，并逐渐走向融合。

除此之外，智慧城市建设并非只是运营一个小项目，还有智能零售、智能安全等相关应用。光靠某地政府，或某个企业是不能完成的，而是要让各种智慧城市应用系统全面协调发展，还应整合起相应的企业，使其覆盖范围广。所以智慧城市建设需要多方参与才能完成，即政府组织、产业联盟、学研机构、技术/产品/运营服务商等大批优质的智慧城市参与方互相合作，共同构建立体化的“系统集成/运营/服务+开放式物联网平台+大数据云平台+政企合作平台”产业生态圈。

发生在企业内部的革新

首先为什么要开展技术创新？要发展“中国制造2025”必须经历技术创新，变原有的低端制造为未来的制造精品。技术创新与革新的作用，从以往的制造业发展，以及周边国家的发展上就能略知一二。

我们以“日本制造”为例，曾经有一段时间，在国际上提到日本制造，就等同于产品有了质量保证，各国消费者一度相信，日本货精细耐用，技术含量高。实际上，日本在赢得如今的口碑之前，也经历了数十年的模仿山寨和低端制造，在20世纪80 ~ 90年代，接连两次的科技兴国战略，一改以往的庸庸碌碌，满足于大规模生产的产业模式，以先后两次喊出“科技立国”“科技创新立国”的口号来警醒整个制造业，必须坚持“科技”为引导。

日本企业是如何进行创新的呢？在日本最初决定“科技立国”时，依然缺乏技术实力，于是他们买来竞争对手的产品，大卸八块，再对每个部件进行彻底的研究，目的就是吸收其设计思路和理念。在这里，日本没有回归机械的模仿，而是在拆解中学习、改进，再加以创新，尽可能地去融入自己的创意。最终凭借这股精神，日本抹去了山寨国的名头，并继续保持对科学技术的追求，不断在科技研发上投入人力和物力。

促成日本制造的除了创新外，还有一点不得不提，那就是“工匠精神”。近年来，这个词频频见诸媒体，《政府工作报告》中都在鼓励弘扬“工匠精神”。何为“工匠精神”？简而言之就是精益求精，像工匠一样全情投入，对自己的产品精雕细琢，追求产品极致完美的精神理念。在我国，也有越来越多的互联网大咖提到工匠精神，不仅雷军要做发烧友的工匠，罗永浩也要做有情怀的工匠。

这种精神比我们以往说的爱岗敬业更进一步，拥有工匠精神的员工，是将产品真正当作自己的作品，将公司当成自己的家，有了这样的信念，他们才会对产品工艺进行永无休止的改进，以保证产品质量的不断提升。

当然，如果一直对自己的作品不满意，始终不将其推向市场，那这种创新就失去了价值，陷入了创新陷阱。而且，受到工匠精神的制约，员工还可能出现思维僵化，最终导致企业创新能力不升反降。因此，摆在我国面前的是如何既追求技术创新，又讲求“工匠精神”，避开“创新陷阱”，最终实现“中国制造2025”的伟大目标。

作为全球为数不多的有能力开发硬件人工智能芯片的高科技公司，深思创芯的核心研发团队一直专注于人工智能神经网络芯片的设计、研发。这支由40%博士+60%硕士组成的核心研发团队，从底层技术做起，将核心技术应用于硬件人工智能领域。

算法、人脸识别等应用最终都需要硬件作为载体支持，传统芯片在人工智能应用中速度、功耗、体积等方面有明显的缺陷。当前很多人工智能领域的公司始终停留在软件和算法的创新上，难以突破“瓶颈”，改变根本。深思创芯认为，人工智能与硬件相结合后“进化”出的神经网络芯片，在未来必将会有更大的想象空间。

深思创芯团队这一想法和判断并非毫无根据的凭空幻想。作为全球为数不多的有能力开发硬件人工智能芯片的高科技公司，深思创芯的核心研发团队一直专注于人工智能神经网络芯片的设计、研发，在芯片级人工智能领域精心耕耘已经有六年时间，2015年更是在全球顶级的科技期刊*Nature Communications*上发布了人工神经网络研究的最新进展。

目前，深思创芯团队已经成功研发了一颗人工智能神经网络平台芯片，这颗芯片面积只有9平方毫米，芯片内置多个核心，每个单核心可实现三层神经网络，每层神经网络均可复用，从而实现深度递归神经网络，这一拓扑结构可映射几乎所有类型的人工神经网络，具有速度快、低功耗、面积小等特点，为人工智能提供强大的底层硬件支持。

随着第一代芯片的研发成功，最前沿的理论和拓扑都得以实现可靠验证。芯片中内置全连接神经元和神经突触，在200MHz频率下已经可以实现每秒50亿次以上的16位运算能力。“技术和产品迭代也早已经开始，相信不需要很久，深思创芯开发的类人脑芯片的技术指标将会以百倍的速度实现提升。”俞德军说。

如此一来，将芯片植入其他载体后，这种“进阶版”人工智能所拥有的“学习”能力，实际上能够把人工智能带到一个新起点。

俞德军透露，AI芯片可以分为很多的类型，随着公司第一颗芯片的面世，之后也会快速迭代，面向不同领域推出不同类型的AI芯片，开拓更大的市场。而在此过程中，芯片也会不断在线学习和训练，根据用户的使用数据进行数据优化，以此来不断贴合用户的习惯。他说：“经过学习和训练以后，冷冰冰的芯片未来可以懂得‘嘘寒问暖’，甚至‘未卜先知’，这才是人工智能神经网络芯片价值所在。”

目前，IBM、谷歌这样的巨头公司，已经在人工智能和硬件领域投入了大量资金进行研发，但作为深思创芯首席科学家的刘洋教授似乎并不担心，反而信心满满。在他看来，目前团队研发的芯片实际上并不是和这些巨头企业正面竞争，而是在更垂直的领域做专业化的尝试，也同样具有很大的市场空间。

启用技术储备

2018年年初，北京、上海两市先后发布了《北京市自动驾驶车辆道路测试能力评估内容与方法（试行）》《北京市自动驾驶车辆封闭测试场地技术要求（试行）》和《上海市智能网联汽车道路测试管理办法（试行）》。其中明确了，通过技术考核的自动驾驶车辆，其驾驶员离开方向盘的行为不算违反交规，并且可以在北京道路上进行测试。可以说，这是一次自动驾驶车辆的上路前考试。为了通过测试，各家汽车企业纷纷亮出家底，把在自动驾驶方面的技术储备做了一番展示。有的车企自主研发自动驾驶技术，如奥迪、奔驰、大众、福特、丰田等，还有一些选择和拥有此类技术的企业合作，共同研发自动驾驶汽车，如广汽、奇瑞等。

在自动驾驶技术领域的头部是小马智行和百度，一个是新兴的AI独角兽；另一个拥有庞大的科研团队。而同年，高德地图和达摩院达成合作，共同推出了车载AR导航。在智慧出行方案上，可谓是百家争鸣。

根据高德方面的说法，该产品借助高德地图专业的交通大数据和车道级导航引擎，以及与达摩院合作共建的图像识别AI技术能力，将真实的道路场景与虚拟的导航指引有机结合，给驾驶员带来更直观的实景导航体验。

据悉，高德地图车载AR导航产品将首批适配在智能后视镜上，在硬件条件相对较差的场景中做能力验证，并逐步拓展至硬件条件更好、用户体验更佳的仪表盘、车机中控屏、车载HUD等场景中，形成多场景使用的落地能力。

车载AR导航首先利用摄像头将前方道路的真实场景实时捕捉下来，再结合汽车当前定位、地图导航信息及场景AI识别，进行融合计算，然后生成虚拟的导航指引模型，并叠加到真实道路上，从而创建出更贴近驾驶者真实视野的导航画面。

车载AR导航体验对于用户而言最大的变化是“直观性”。目前的导航，虽然综合体验已经达到了相当的高度，但在一些特定场景，如环路多岔路的复杂路况、前方多路口的拐弯场景等，用户仍需要更长时间的理解和思考成本，这些时间成本很有可能导致错过关键路口。相信不少用户都有过在高速上错过路口，迫不得已绕行十几千米甚至几十千米调头的尴尬。

车载AR导航则完美解决了这一问题。在AR增强现实技术的支撑下，导航的指引体验变得更加直观，悬浮于路面上的“大箭头”，将虚拟与现实结合，直观地告诉用户下一秒该干什么，向哪里变道，往哪里转弯，用户不会再因为思考反应时间而走错道，大幅降低了用户对传统2D或3D电子地图的读图成本。

高德地图车载AR导航主要可以优化以下几种体验场景：

首先，前方路口的转弯提醒。在此前的导航体验中，用户经常听到和看到的转弯提醒是类似“前方350米右转”，但其实在这350米中，实际上包含几个右转路口，甚至在临近350米的330米处也有一个右转路口，这就很容易导致错转。但是，在高德地图AR导航的体验中，这350米前进的过程里，AR箭头效果在不需要右转的路口前会始终压在直行道上，只有到即将右转的路口才会提醒用户变道，右转，并且始终有箭头形成强引导，用户只需要跟着铺在路面上的箭头走，没有错转的可能。

其次，复杂岔口的直观引导。此前的导航体验还有一个劣势，就是复杂岔路口的引导，用户往往在收到一个“右转”指令后，会发现前方有多个右转路口，到底走哪条？在高德地图AR导航的相关场景中，用户体验就变得友好多了，因为在整个经过复杂岔口的过程中，AR虚拟识别箭头会无缝贴合在真实场景的道路上，用户同样只需要跟着箭头走，就可以进入正确的路口。

最后，驾驶安全的相关提醒。另外，高德地图车载AR导航还能够对过往车辆、行人、车道线、红绿灯位置及颜色、限速牌等周边环境，进行智能的图像识别，从而为驾驶员提供跟车距离预警、压线预警、红绿灯监测与提醒、前车启动提醒、提前变道提醒等一系列驾驶安全辅助。

车载AR导航虽然有不少企业正在尝试，但由于涉及图像识别、虚拟融合算法、地图数据等多方面综合技术能力，再加上车载环境本身的使用场景复杂，市面上产品的体验普遍不尽如人意。

由于高德地图与达摩院机器智能领域视觉智能实验室（以下简称“达摩院视觉实验室”）合作，双方的能力形成了合力，并为产品带来了背后的三项核心技术储备。

一是车道级导航能力。毋庸置疑，这是高德地图的核心能力，凭借着多年的积累，目前高德地图已经拥有了十分丰富的道路和交通大数据，如道路里程覆盖820万+千米，道路属性信息超过400种，实时路况覆盖全国360多个城市和所有高速公路，并实现分钟级发布。

值得注意的是，在数据和技术储备的过程中，高德形成的车道级导航能力正是AR导航体验得以保障的基础能力。试想，如果没有底层的车道级导航数据支撑，AR导航也不可能准确地将小箭头铺设在精准的车道上。

二是图像智能检测与识别能力。与地图数据一样，图像检测与识别能力也是AR导航得以成形的基础能力。

从高德地图AR导航来看，这部分能力输入主要来自以下两个方面：一方面是高德地图与达摩院视觉实验室共同合作，后者的基础能力输出；另一方面是高德地图本身的图像团队能力。

据悉，高德地图的图像团队已经成立多年，一直深耕于地图数据领域，积累了上百万千米的实际道路场景数据，凭借计算机视觉和深度学习技术能力，屡次在文字识别和卫星影像分割等国际竞赛中夺魁。此外，达摩院视觉实验室在国际最大的自动驾驶计算机视觉算法集KITTI上，也曾囊括过三项道路场景分割任务的第一名。

因此，在双方合作达成后，图像算法技术的储备比较丰满，可对车辆、车道线、红绿灯位置及颜色等道路场景进行智能的图像检测、分割、识别与追踪。

三是AR融合算法能力。在图像识别的基础上，高德地图的车载AR导航解决方案，还能够对定位、地图导航、道路交通大数据进行融合运算，并把导航信息在实景图像上实时渲染呈现，提供精准的沉浸式的导航体验。

高德方面，后视镜只是第一步，在这一硬件场景下做好技术能力验证后，后续会逐步向车机、仪表盘、HUD等硬件过渡。

创业融合创新

对AI技术人才来说，这是一个创业的黄金时代。5G的来临需要大批技术精英的参与，资本来主动寻求合作，年轻人创业之初就能收获资金支持，他们要做的就是以更好的创意实现技术创新，博取未来。

印奇、杨沐和唐文斌一起创立了旷视科技，进而发展为计算机视觉领域的独角兽，2011年成立至今，旷视科技如今已经成为新兴AI独角兽中资历最深的公司之一。

旷视成立后的几年都处于探索中。这时，Facebook以高达1亿美元的价格收购了以色列一家成立不满一年的人脸识别公司。印奇和他的团队意识到，与to C市场相比，to B业务有更广阔的市场。于是，他马上拍板，团队开始专注开发人脸识别平台。

2015年之后，人工智能的创业热潮来临，旷视才逐渐找到商业化落地的路径。从与阿里合作刷脸支付，到为美图提供人脸检测成为长期合作伙伴，再到最近两年主推安防、智慧城市等，旷视逐渐找到一条机器视觉的落地之路。

“每一年我们都会有主要聚焦的领域。2016年是互联网金融，目前95%的互金头部客户都在采用旷视人脸识别的技术方案；2017年是安防；2018年是机器人。”唐文斌说道。他负责关注最前沿的领域，几乎每天都在学习新知识。

2018年，旷视收购机器人公司艾瑞斯，正式进军仓储、物流机器人行业。这一年，唐文斌把重心放在仓储机器人上，跑遍了国内外大大小小的展览，关注最前沿的科技。

唐文斌做过分析，目前市场上虽然玩家众多，但大都没有实际可规模化落地的方案。艾瑞思在机器本身有优势，旷视擅长VSLAM算法、决策算法，因此体现在产品端，旷视可提供一整套播种式仓储与摘果式仓储结合的智能物流方案，为厂商提供更高的利益。

进军仓储机器人之后，旷世发布了AIoT操作系统——“河图（Hetu）”。

生态连接、协同智能、数字孪生是“河图（Hetu）”的三大特征。旷视科技联合创始人兼CTO唐文斌在旷视机器人战略发布会上阐释河图这三大特征背后的逻辑。

“生态连接比较好理解，就是将生态里的每个环节、每台设备，通过河图这个大脑，有机地连接起来。连接起来以后，就可以通过协同智能，去完成以前人工无法完成，或者无法高效完成的事情。所谓协同智能，最大的特点在于它对应用场景的自适应性。比如同样是仓储，服装产品和美妆产品的逻辑、场景、流程差别都很大，河图可以根据不同的应用场景，对设备进行智能调控，负载均衡。”唐文斌接着说道，“河图还提供了一套数字孪生系统，可以实现从设计规划到高精度、完整仿真，包括对于人、物、空间的仿真。并且这套数字孪生系统能够生成一套帮助快速部署实施的体系，同时这套系统也是生产的执行系统。这就形成了一个完整的闭环。”

“河图作为AIoT操作系统，目标是打造一个平台，纳入系统衔接型和应用层面的合作伙伴。”唐文斌说。

事实上，旷视科技自从2018年4月收购艾瑞思机器人开始，不断在物流、仓储领域发力。与包括工业机器人MUJIN在内的多家厂商合作，打下硬件基础。通过弹性方式，如临时加机器人、必要时的人机协同，来应对高峰。

以旷视科技与心怡科技合作的天猫超市天津仓为例，面临庞大的SKU压力、包含十余种品类的复杂订单，同时还要兼顾消费者体验，追求当日达的效率，天猫超市的仓储管理从消费者下单到出库必须控制在1个小时以内。通过接入旷视河图，与三种不同类型的500台机器人的协同作业，天猫超市的天津仓人效能够提升40%。

在下游的设备层接入上，旷视河图目前已经接入三大类产品，即“腿”系列产品、“手”系列产品、“空间”系列产品。其中“腿”系列产品解决仓储物流场景中的搬运问题，已经接入的设备包括旷视科技自研的T系列货架式搬运机器人（载重力分别为500千克、800千克，1.3吨）和载重2吨的托盘式机器人，同时有来自旷视机器人生态伙伴国开发的E系列多层轻型叉车；“手”系列产品解决核心的商品抓取和拣选问题，包括整箱的拆码垛、拆零的商品拣选。目前，河图已接入的“手”系列产品，包括旷视机器人生态伙伴MUJIN拆码垛机器人、拆零拣选机器人；而“空间”系列产品主要解决密集存储的问题，河图已经接入了鲸仓科技的Picking Spider系统，可实现料箱的密集存储和随机存取。

在上游的业务承接中，作为机器人的统一操作系统，河图能够对设备层提供统一的接入体系和运维体系，让客户可以一站式完成对多种设备的作业调度和监控运维。目前已经与河图系统对接上游的业务系统，包括著名的WMS厂商，唯智信息、巨沃科技、心怡科技、科捷科技和鲸仓科技的WMS系统。

旷视科技升级进阶，携手业界打造供应链物流商业闭环。河图的出现为机器人网络的组网和人机协同提供了一种更为边界、灵活解决方案。在发布会上，旷视发起了“河图合作伙伴计划”，呼吁产业上下游的设备厂商、系统厂商、集成商和运营商伙伴一同加入河图的开发和建设，形成利益共同体实现合作共赢。未来，旷视将至少投入20亿元，与生态伙伴一起打造价值务实的整体解决方案，共同探索边界持续验证价值，进而加速机器人场景落地。

旷视科技采取合作方案，希望打造以操作系统为核心的生态平台，自己做擅长的软件算法方案部分，让合作伙伴参与补充硬件部分，最后共同构筑供应链物流方案，实现商业闭环。

探秘智慧工厂

随着物联网的应用，未来的“中国制造2025”一定会涌现出更多的智慧工厂。智慧工厂是现代工厂信息化发展的新阶段，是在数字化工厂的基础上，利用物联网的技术和设备监控技术加强信息管理和服务；清楚掌握产销流程、提高生产过程的可控性、减少生产线上人工的干预、及时正确地采集生产线数据，以及合理的生产计划编排与生产进度，并加上绿色智能的手段和智能系统等新兴技术于一体，构建高效节能、绿色环保、环境舒适的人性化工厂。

智慧工厂有三大特征：首先是基础设施高度信息互联，包括生产设备、机器人、操作人员、物料和成品；其次是制造过程数据具备实时性，生产数据具有平稳的节拍和到达流，数据的存储与处理也具有实时性；最后是可以利用存储的数据从事数据挖掘分析，有自学功能，不断改善与优化制造工艺过程。

未来的智能制造，制造场景内将整合十大关键技术：

第一，智能研发将以往分散的、效率结点不同的各个环节整合起来，让机械、电子、软件多学科进行协同配合，深入应用仿真技术，建立虚拟数字化样机，通过仿真模拟缩短实验时间，节省材料损耗，整个研发过程中还要贯彻标准化、系列化、模块化的思想，并最终将仿真技术与试验管理结合起来。目前，一些流程制造企业已开始应用相关系统实现工艺管理和配方管理。

第二，智能产品，通常包括机械、电气、嵌入式软件，具有记忆、感知、传输等功能。典型的智能产品种类繁多，涵盖我们生活的方方面面，大到智能汽车、自动售货机、智能家电，小到手机、平板电脑、智能可穿戴设备、无人机等。未来的智能制造将把更多智能化单元融合在产品上，提升产品的附加值。

第三，智能装备指的是制造装备，经历了机械装备、数控装备，如今的智能装备融入了更多的先进技术。它具有检测功能，可以在生产流程中实现实时检测，从而修正加工误差，提高加工精度，而且有了闭环系统之后，装备对环境的要求可以进一步降低。

第四，智能生产线，制造业普遍配备生产线，且高度依赖自动化生产线，比如钢铁、化工、制药、食品饮料、烟草、芯片制造、电子组装、汽车整车和零部件制造等，这些行业的生产制造已经不可能依靠大量的人工来完成。为了满足产品质量和生产效率的提高，企业引入了更先进的自动化生产线，如刚性自动化生产线和柔性自动化生产线、工业机器人、吊挂系统等。

第五，智能车间要进行生产状况、设备状态、能源消耗、生产质量、物料消耗等信息的实时采集和分析，进行高效排产和合理排班，显著提高设备利用率。制造执行系统可以为企业的生产管理提供数据，优化生产流程，最终实现生产效率的提升。

第六，智能工厂内的生产过程将实现自动化、透明化、可视化、精益化，同时产品检测、质量检验和分析、生产物流也应当与生产过程实现闭环集成。一个工厂的多个车间之间也会实现信息共享、准时配送，也就是说，整个工厂内部是协同作业的。智慧工厂依托无缝集成的信息系统，能实现生产指挥中心对整个工厂的指挥和调度，及时发现和解决突发问题。

第七，智能物流与供应链可以确保整个采购、生产、销售流程的自动化。企业可以通过自动化立体仓库、无人引导小车（AGV）、智能吊挂系统、智能分拣系统、堆垛机器人、自动辊道系统等实现工厂内部物料的流动。

第八，智能服务。基于传感器和物联网（IoT），可以感知产品的状态，从而进行预防性维修维护，及时提醒客户更换备品备件。还可以采集产品运营的大数据，辅助企业进行市场营销的决策。此外，企业通过开发面向客户服务的APP，也是一种智能服务的手段，可以针对企业购买的产品提供有针对性的服务，从而锁定用户，开展服务营销。

第九，智能管理除了管控生产流程外，也包括人力资产管理系统、客户关系管理系统、企业资产管理系统、能源管理系统、供应商关系管理系统、企业门户、业务流程管理系统等。实现智能管理和智能决策，最重要的条件是基础数据准确和主要信息系统无缝集成。

第十，智能决策又称管理驾驶舱或决策支持系统，可以对企业生产运营过程中产生的大量数据进行多维度的分析和预测。同时，企业可以应用这些数据提炼出企业的KPI，并与预设的目标进行对比，同时对KPI进行层层分解，以此进行对管理层和员工的考核。

人们设想的智慧工厂中将有异常绚丽的人机交互、超乎想象的科技元素。可就目前已经落地实施的工厂中，虽然只用到了物联网技术的一部分，但却已经呈现出“无人工厂”的状态。车间来往穿梭的是智能机器人，生产线上忙碌的是没有丝毫多余动作的机械手臂，生产车间和物流仓里只听得到机械运行、焊接、搬运的声音，有的工厂甚至连灯都不用开。这或许就是科技照进现实的样子。

2018年，京东首次曝光了位于上海嘉定的无人仓，名为“亚洲一号”的无人仓占地约4万平方米，是京东唯一一个全自动的仓库，每天处理快递20万件。整个无人仓分为三个主要区域：入库+分拣+打包区域、仓储区域和出库区域。这里的工作人员的任务仅是负责运营维护和优化工作，根本不需要插手物流。

在仓储区上万件商品高密度排列，由机器人和机器臂完成入库和出库。在打包区，传送带和机械臂负责完成商品分类和打包。机器会根据货物的实际大小判断需要裁多少泡沫包装袋，以及选用哪个型号的纸板包装箱，合理使用包装材料，避免浪费。在分拣区，300个机器人以每秒3米的速度往来穿梭，它们的行进路线都由计算机控制自行选择，在路上遇上还会互相避让，当电量低的时候，机器人会自动泊入充电桩的位置上充电。在出库区，还有300多个小型机器人按照订单地址，把小包裹都放到转运包裹里，再由重型机器人完成打包和分类，大型机器人把大包裹送上传输带，最终送达库房外的运输车上。

无人仓内有十几种不同工种的机器人，总数达上千个，其工作效率是人工仓库的10倍。“智慧物流正在改变传统的物流形式。”京东物流首席规划师、无人仓项目负责人章根云表示。为此，京东自主研发了智能控制系统，调配仓库内所有机器人的行动。不过由于成本原因，无人仓不会很快在全国投入应用，但必然是一种趋势。

除了物流仓外，智慧工厂还有一种常见的自动化流水线。2019年世界经济论坛宣布工业富联“柔性装配作业智能工厂”的概念，细化和明确了这种智能制造的形态。这类工厂专门生产智能手机等电气设备的组件，采用全自动化制造流程，配备机器学习和人工智能型设备自动优化系统、智能自我维护系统和智能生产实时状态监控系统。这样的智慧工厂可以提高30%的生产效率，甚至实现“关灯工厂”。

目前，富士康已经上线运行了10条全自动化生产线，部署了超过4万台Foxbot工业机器人，全部是由富士康自主研发和生产的。

机器人可以代替人去做人们不愿意做、没有趣味或危险的工作，比如车床加工和打磨这类工作环境十分恶劣的。随着我国人口红利的消失及劳动力成本的上升，企业的唯一方法是提高生产有效作业率，即生产的自动化程度。

劳动力的迁移与转化

“鸿海在10年前就决定要用机器人来取代人力，公司内部计划在5年内，用机器人替换掉80%的人力，如果5年做不到，10年内也会做到，因为科技已经在这里了。”郭台铭说。

机器人和人工智能的好处在于解决劳动力短缺、劳动力昂贵和人口老龄化等问题，这样可以帮助劳动力短缺的国家和地区稳定经济增长，帮助制造业解决人力缺口。

国际知名的人力资源咨询公司公布的一份报告指出，从整体分析来看，欧洲劳动力价格比较贵，西欧国家的劳动力更是全世界最贵的，其中比利时领跑昂贵的劳动力成本，之后依次是瑞典、德国、卢森堡、英国等。德国《世界报》引用了一家国际咨询顾问公司发布的研究报告说，德国未来将面临巨大劳动力缺口，其经济发展变缓，一部分原因也是来自这里。人力缺口的潜在威胁早已引起德国制造的关注。无奈的是，因为德国社会老龄化不断加剧，这种劳动力短缺的趋势很难缓解。

破解劳动力问题成为欧洲各国的难题。而中国智造产品的进入，或许会为欧洲带来新的契机。2018年，中国著名人工智能独角兽企业深兰科技（DeepBlue）在欧洲登陆，深兰科技提出了整套的AI解决方案，受到欧洲媒体的关注。

在意大利科技展上，深兰科技演示了一款AI自贩柜，顾客只需要扫手开门，拿取食品，机器则完成视觉识别商品。AI自贩柜拥有更小、更灵活、更便捷、品类更精准的渠道补充。便利店可在柜内同时存放不同品类的商品，一次开门，可进行选购加购，关门后自动结算，整个过程只在几分钟内完成。顾客可以免去排队等待，而便利店则可以节省人工。三柜组合可以实现用便利店1/4的成本，达到其70%的销量。

在欧洲期间，卢森堡还约见了深兰科技欧洲总部负责人，高度赞扬了这家AI独角兽企业取得的卓越成就。希望深兰科技能在欧盟团体国家中构建起AI产业生态、智慧城市、数字经济等项目，并将其在无人驾驶、AI零售、智能机器人、生物智能、智慧交通等领域的AI产品带入欧盟各国。会见后，卢森堡国家产业中心理事会仅用了两天时间就全票通过引入深兰科技的提案，在此之前，卢森堡引入的是微软、亚马逊、普华永道、德勤等国际巨头。

相较于欧洲的人力成本昂贵，邻国日本又是另一番景象。日本的少子化、老龄化问题已经持续多年。2017年日本厚生劳动省发布，依据现在的人口发展趋势，日本人口将在2053年跌破1亿，到2065年，降至8808万。为了应对不断减少的劳动力，企业除了引进外籍劳动力外，还开始加大投入，引入机器人。一些生产自动化设备的企业接到的订单也在不断增多。川崎重工业公司正是在这一劳动力“更新换代”大潮中尝到甜头的企业之一。他们为中小企业提供一款有两个机器臂的机器人销量可观，因为它能适应电子设备生产商、食品加工厂商及制药企业的多种需求。

2018年，无人便利店开始有扩大的趋势，美国亚马逊公司开设了多家无人便利店“Amazon Go”。在日本，罗森则在尝试用智能手机实现无人售票，一些规定时间内无人值守的便利店也在试点。对零售业服务人员进行精简，将是零售业今后的一大趋势。

在富士康看来，机械手臂和智能机器人完全不需要休息，还可以完成标准化生产，这都与企业的生产效率和生产成本息息相关。通过引入工业互联网、智能制造，富士康已经有非常多的生产线和工厂实现了完全自动化，生产线上完全不需要人，甚至不需要开灯。富士康计划在5～10年，淘汰掉80%的工人，将资金用于机械手臂的安装部署上。

《中国机器人产业发展报告（2018）》显示，截至2018年，我国机器人产业整体规模已超过80亿美元，5年平均增长率达到近30%，反映出国内机器人市场处于高速增长阶段。尤其是在工业机器人方面，我国已经连续六年成为全球第一大应用市场。

人们在关注人工智能带来的利好时，还意识到一个问题，工业机器人是否会完全替代人工劳动力？

1811年，英格兰的纺织工人反对纺纱机械化。因为他们感受到了威胁，而且整个产业链上的其他工人也失去了工作。1830年，英格兰拥有24万名手工织布工人，到了1850年，只剩下了4.3万人，到了1860年，只有大约1万人了。经济持续发生结构性变化，更先进的机器催化了生产过程的变革，新技术的引进不仅减轻工人作业的工作强度，还提高了生产效率，甚至节省了人力成本，这对工厂主来说太有吸引力了。

德勤在一份报告中指出，在采访了全球1600个企业与政府领导人之后，87%的受访者认为工业4.0能带来更稳定与平等的前景，高层在对变化进行预测时，就已经考虑到了技术问题及劳动力的迁移。所以，大可不必担心，因为在需求增加和新创性的推动下，在失去原有工作机会的同时，还会诞生一些新的就业机会。这就是劳动力的迁移和转化。

现在人们为今后的就业形势担心，害怕人工智能会导致就业岗位的减少，但其实高等教育并不是阻挡人工智能浪潮的壁垒，人工智能也无法胜任所有岗位。

首先，学历越高就业替代压力越小。一种职业是否容易被人工智能所替代，取决于对以下三个方面能力的要求：感知和操作能力、创造力和社交智慧。其中，感知和操作能力包括手指灵敏度、动手能力，以及能否在狭窄的空间中工作；创造力包括原创性和艺术审美能力；社交智慧包括社交洞察力、谈判能力、说服力，以及能否做到协助和关心他人。也就是说，人拥有人工智能难以做到的高情商。

数据显示，体育和娱乐业（33%）、信息传输、软件和信息技术服务业（23%）、卫生和社会工作（20%）、科学研究和技术服务业（13%）、教育（8.8%）等行业的就业替代率较低，这些行业的共同点是对知识和技能的要求较高，也就是说，劳动者越有文化，从事的工作文化含量越高，越不容易被替代。从学历角度来看，以专科学历为参照组，本科学历、硕士学历或博士学历的毕业生能进入就业替代率更低的行业，且呈现出学历越高，就业替代压力越小的关系。

其次，人文和社会科学、理工科专业就业替代压力较小。一是因为人工智能可以解决技术和劳动力上的问题，却难以处理人际关系。而文科生恰恰具备创造力、同理心、批判性思维和写作能力等，这都是人工智能模拟不出来的。二是因为理工科学生可以学习更丰富的学术知识和技术，积累行业资源，不必停留在简单的生产加工岗位，可以选择软件研发、系统控制等工作，管理人工智能。而那些只做数据指标分析预测的专业则很容易被应用了云计算的行业替换掉。

最后，就业者必须兼具“硬能力”和“软能力”。“硬能力”包括学生的专业知识和技能。随着制造业的技术含量更高，对专业知识和技能的要求也更高，具备更高专业素养的人才能更好地适应信息社会的发展要求。“软能力”可以视为拥有良好的人格特征。

学校教育只占一个人综合素质的一部分，人们在择业就业、职业发展中的种种问题还要依靠自身的能力去解决。除了拥有上述的各方面能力，在生活和工作中不断学习，也是一种自我提升，不容易被替代的方式。

打破行业壁垒的跨界合作

“我们发现汽车的发展已经不单单是汽车本身，它已经进入了一个跨界融合的时代。”清华大学自动化系教授、自动化系系统工程研究所所长张毅教授表示。

目前，中国的汽车产业正在快速发展之中，这不单单是指汽车产量在上升，而是众多企业瞄准了5G时代的车联网、无人驾驶，在高强度地研发汽车各方面的技术，同时还有IT、通信等领域的玩家也在快速切入。

2018年，华为先后与东风、长安汽车签署战略协议，双方在多领域展开合作，包括车联网、智能汽车、国际化业务拓展等。不仅如此，华为还为多款本土车型提供液晶显示触控屏及其操作系统。

由此可见，华为是利用自身的技术储备和本土优势来入场。在华为之前，谷歌、苹果已率先开始车联网领域的技术研究。但华为有得天独厚的优势：一是华为能有效控制成本，所生产的设备售价低，谷歌、苹果产品如果售价100元，华为可能定价在30元。二是主场作战，华为能实施人海战术，一个工程师解决不了问题，那便派出100个。三是华为的海外经历丰富，能将这些经验分享给本土汽车企业，为他们提供海外拓展建议，帮助其快速成长，少走弯路。

不仅是华为这样的互联网巨头布局车企，就连地产界也纷纷瞄准车联网。2017年9月，碧桂园与国内唯一涵盖新能源汽车全产业链的深圳新能源汽车产业协会签署战略合作协议。双方基于对产业融合的共同发展理念，将整合各自在地产和产业方面的资源优势，以新一代汽车为核心，面向新能源、车载物联、智能汽车等前沿领域，为新能源汽车产业发展搭建大平台，促进科技产业和区域经济发展，为碧桂园科技小镇注入新动力。2017年10月，碧桂园拿下广东顺德两块地，计划用于建设新能源汽车小镇，重点发展新能源汽车高端研发、创新运营、前沿示范、创新创业等业态。项目建筑面积约40万平方米，固定资产投资总额预计约为25亿元。产业导入方面，该项目将打造动力电池、新材料、整车、电机控制器、动力总成五大研究院，入驻不少于500人的研发团队。

2017年12月，华夏幸福董事长王文学以个人认缴出资3.3亿元收购合众新能源近53.4%股份。近几年，华夏幸福在产业集群打造中积极推动新能源汽车及上下游相关产业发展，构建从整车、电池、电机、电控等关键零部件、智慧路网、智慧出行的全产业链条和创新产业生态，积极投身行业，推动节能型汽车、新能源汽车、智能网联汽车全面发展。

2017年3月20日，宝能集团注册成立了宝能汽车有限公司。公司注册资本为10亿元。同年，宝能集团和杭州市富阳区政府签订项目合作框架协议，项目包括新能源汽车生产、测试、研发、总部楼宇及电机、电池、电控“三电”等配套核心零部件生产，拟选址富阳区江南新区灵桥罗山区块，计划总用地面积约3000亩，总投资约140亿元。紧接着，宝能集团与昆明市政府、滇中新区管委会在深圳签订战略合作框架协议。按照协议，宝能集团将在昆明、滇中新区投资建设综合物业开发、物流、科技园、新能源汽车、大健康、文旅六大项目，并且其中拟在昆明经开区和空港经济区，建设50万辆新能源汽车整车及零部件项目。

可以看出，地产商布局新能源汽车产业已经成为一种趋势，地产商不差钱，车企需要大量资金投入，双方自然一拍即合。但最主要的是做好产品和用户服务，毕竟爆发式增长之后，始终要给业界交上一份满意的答卷，否则就只能是一阵热闹，最终被淘汰出局。

布局新能源汽车主要有两大关键应用点：安全和控制。

安全方面，车路协同的信息交换平台，可以帮助现有的交通体系从被动安全向主动安全、协同安全方向前进，表现为安全体系会从安全带、安全气囊，发展出V2V通信方向转变。

现在的自动驾驶汽车还在用单车智能的方式进行运作，即车辆感知到附近行驶车辆后，还要预知对方的行驶意图，然后再进行驾驶决策。一个决策结束后，再进行下一轮的决策，这是一个很复杂的信息交互决策控制过程。

但有了车联网技术后，车辆之间可以沟通信息，马上知道对方的位置、速度、加速度、刹车与否、转向与否等信息，大大简化了自动驾驶汽车的信息收集和决策难度。

控制方面，车路协同的信息交换平台，既可以在交通体系内实现多车速引导，又可以让现有信号灯从被动控制向主动控制，以及下一步的协同控制阶段发展。在有了车路协同平台后，可利用交汇点协同的机制，计算出每辆车的最优速度并发布至各个车辆，从而实现多车速度引导，进而实现更高效的通行。

谈竞争不如谈合作

随着我国制造业向网络化、智能化方向加速迈进，现有连接技术已无法满足智慧工厂、车联网、物联网等实际应用的需求了，不论是应用程序设计还是终端制造，都急需低时延、大数据、高可靠的网络传输。5G的出现将带来革命性的变化，能够更好地支持工业自动化场景和大流量业务，开启万物智联的新时代，实现人与人、人与机、机与机的深度交互，为制造业提质增效和实体经济的转型升级注入新的活力。

5G的到来将进一步扩大产业阵营，谁都无法做到一家独大，垄断技术，正确的发展观是相互竞争、相互学习，碰撞出新技术，在物联网的背景下，更广泛的合作成为必然。据预测，到2020年下半年，将有超过半数的新业务流程和系统融入物联网，这些技术会变得更加实用和高效，而物联网将充满海量内容，两者协同，真正地开始改变人们的生活。

但是接入物联网并没有预想的简单，超过半数的物联网项目都大大超出了计划完成时间。其中很多企业遇上了性能、安全、各环节之间的对接和集成问题。想要加快进程并真正抓住物联网技术和应用所提供的巨大机遇，那么，行业协作和合作伙伴关系将是必不可少的。

事实证明，没有哪个公司或国家政府能够独自攻克物联网，唯有通过行业协作和结构化努力来开发现实世界中的物联网解决方案，才能真正实现物联网的落地。

2019年，菜鸟网络CTO谷雪梅发布了菜鸟物流IoT开放平台，并宣布同时开放所有的平台代码，允许所有物流场景及设备接入，以显示菜鸟物流与全行业共建物流平台的决心。

效率一直是物流的痛点，而菜鸟这一次引入了Rokid Glass，将运用AR和 AI 技术，探索AR智能物流。以仓储为例，尽管物流技术的升级，机器人被应用于仓库中，但因为改造成本高昂，现阶段扩散建设无人仓是不可能的，人工仓仍然普遍存在。

人力仓的正常运转离不开成百上千的物流人员和上百万件商品，人管人就难免出现管理难、效率低的问题。人在仓库的很多环节里做识别、查找，一旦工作超过4小时，出错率就会明显提高，效率下降。

基于这样的原因，菜鸟与Rokid展开AR智能物流的合作。Rokid为菜鸟物流的仓库提供AR眼镜，员工在工作中统一佩戴，对员工工作给予指导和参考，而上传的数据则能帮助Rokid开展分析，实现仓储物流的智能化升级。

Rokid创始人兼CEO Misa表示，AR眼镜在物流仓储的应用场景下，具备数据驱动、信息识别、学习效率、解放双手等方面的巨大优势。至少在目前，这是智慧物流提效的一个好选项。

2019年，旷视与中建信息达成战略合作，双方将共同探索供应链仓储物流、智慧工厂场景的智能物联落地。旷视的核心能力是通过深度学习算法及全栈人工智能解决方案为行业客户创造价值。凭借强大的软硬件整合能力，旷视目前已实现个人设备大脑、城市大脑和供应链大脑三个核心AIoT场景的深度布局。旷视将与中建信息在以人工智能、物联网技术为基础的数字化解决方案落地层面展开深度合作，助推仓储物流、工厂制造等供应链场景的信息化与智能化发展。

2019年，中国铁塔与碧桂园签署战略合作框架协议。双方将推进新建地产项目与通信基础设施建设的融合，在建设之初就同步规划、同步设计、同步实施。另外，针对建成的地产项目，还将逐步提升其通信覆盖水平，助力碧桂园建设智慧地产。

碧桂园为中国铁塔在其地产项目内进行通信基础设施建设提供支持，开放所需的土地、机房、安装空间、管线等相关资源；在地产项目规划中加入中国铁塔站址空间、管线、传输、电力等相关通信基础设施规划，引电设计及施工时统筹考虑和实施通信设备用电；还将协调地产项目对应的物业服务公司、开发公司、业主委员会等，为中国铁塔开展通信信息化建设和后续维护提供便利条件。

中国铁塔结合碧桂园地产项目规划，面向5G发展，制定科学、合理的通信网络室内外标准化、一体化覆盖方案，提升碧桂园地产项目移动通信覆盖水平；统筹碧桂园地产项目的移动通信基础设施建设，统一规划、统一设计、统一实施，避免重复施工，并在通信网络优化、信息能力升级、后续维护服务等方面为其提供保障和支持；还将为碧桂园提供社区智能信息化综合解决方案支持，双方合力打造数字地产、智慧地产项目，着力提升碧桂园地产项目的信息化品质；在碧桂园地产项目内开展建设时，综合考虑环境协调，建设绿色、和谐地产项目。

参考文献

[1] 龟井卓也.5G时代：生活方式和商业模式的大变革[M].田中景，译.杭州：浙江人民出版社，2019.

[2] 项立刚.5G时代：什么是5G，它将如何改变世界[M].北京：中国人民大学出版社，2019.

[3] 刘耕，苏郁，等.5G赋能：行业应用与创新[M].北京：人民邮电出版社，2020.

[4] 埃里克·达尔曼，斯特凡·巴克孚，约翰·舍尔德.5G NR标准：下一代无线通信技术[M].朱怀松，王剑，刘阳，译.北京：机械工业出版社，2019.

[5] Afif Osseiran，Jose F.Monserrat，Patrick Marsch.5G移动无线通信技术[M].陈明，缪庆育，刘愔，译.北京：人民邮电出版社，2017.

[6] 翟尤，谢乎.5G社会：从“见字如面”到“万物互联”[M].北京：电子工业出版社，2019.

[7] 中国移动通信有限公司政企客户分公司.5G落地：应用融合与创新[M].北京：机械工业出版社，2019.

[8] 日本野村综合研究所.5G重塑数字化未来[M].杭州：浙江大学出版社，2020.